もくじ
啓林館版　理科 **3** 年

JN085236

テストの範囲や学習予定日をかこう!

	学習計画	
	出題範囲	学習予定日
	5/14	5/10
	テストの日	5/11

1章　生物のふえ方と成長

満点ミッション

①**無性生殖**
親の体の一部が分かれて，子になる生殖。

②**栄養生殖**
植物が葉・茎・根の一部から新しい個体をつくる生殖。

③**有性生殖**
雌と雄がかかわって子を残す生殖。

④**生殖細胞**
子を残すための特別な細胞。

⑤**受精**
雄と雌の生殖細胞の核が合体すること。

⑥**発生**
受精卵が細胞の数をふやして成体になるまでの過程。

⑦**柱頭**
めしべの先端の部分のこと。花粉がつく。

⑧**花粉管**
花粉からのびる管。中を精細胞が胚珠まで移動する。

テストに出る！ ココが要点　解答 p.1

① 生物のふえ方　教 p.5〜p.

1 無性生殖

(1)　無性生殖　生物が新しい個体(子)をつくることを**生殖**といい，雌雄の親を必要としない生殖を(①　　　　　)という。

(2)　単細胞生物の例　ミカヅキモやアメーバなどの単細胞生物は体が２つに分かれ，個体をふやすものが多い。

(3)　動物の例　プラナリア，ヒドラは体の一部が分かれたり，分かれた体が再生したりして新しい個体をふやす。

(4)　植物の例　ジャガイモなど，体の一部から新しい個体をつくる(②　　　　　)を行うものがある。いも，さし木など。

2 有性生殖

(1)　有性生殖　雌雄の親がかかわる生殖を(③　　　　　)という。

(2)　動物の有性生殖　雌の**卵巣**でつくられる**卵**や雄の**精巣**でつくられる**精子**のように生殖のための特別な細胞を(④　　　　　)といい，生殖細胞の核が合体することを(⑤　　　　　)という。また，受精によってできた細胞を**受精卵**という。

(3)　動物の成長　受精卵は細胞の数をふやして**胚**になり，さらに分裂してやがて成体になる。この過程を(⑥　　　　　)という。

(4)　被子植物の有性生殖　めしべの(⑦　　　　　)に花粉がつくと，花粉は**胚珠**に向かって(⑧　　　　　)をのばす。花粉にある**精細胞**は花粉管の中を移動し，胚珠に向かう。精細胞の核が胚珠にある**卵細胞**の核と合体(受精)すると，**受精卵**ができる。受精卵は細胞の数をふやして**胚**になり，胚珠は**種子**になる。植物でも受精卵の成長過程を**発生**という。

図１

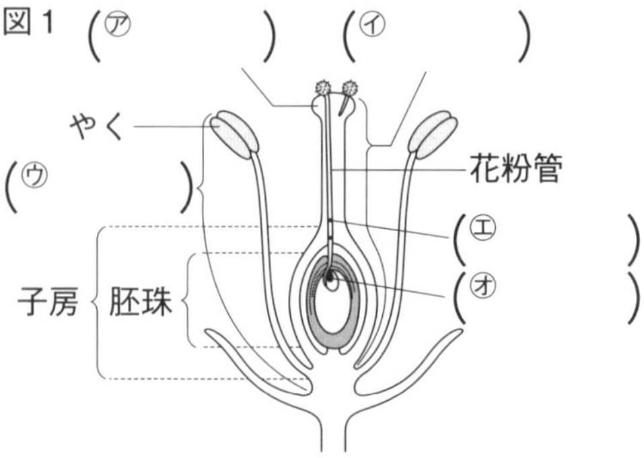

(5)　裸子植物の有性生殖　裸子植物は胚珠がむきだしになっているため，花粉は胚珠に直接ついて花粉管をのばす。

ココが要点の答えになります。

② 細胞のふえ方

教 p.12〜p.16

1 細胞分裂と成長のしかた

(1) (⑨   ) 細胞が1つから2つに分かれること。

(2) 根の成長

●根の先端の少し上の部分がもっともよく成長する。

●先端近くには，細胞分裂がさかんな(⑩   )がある。

●先端の部分を(⑪   )といい，根の成長点を保護している。

図2

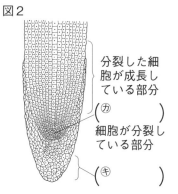

分裂した細胞が成長している部分
(㋕   )

細胞が分裂している部分
(㋖   )

2 細胞分裂の過程

(1) 細胞の種類と細胞分裂　細胞には，子孫を残すための細胞である生殖細胞と，それ以外の細胞である(⑫   )がある。体細胞で起こる細胞分裂を(⑬   )という。

(2) 体細胞分裂の過程　体細胞分裂がはじまると，ひものような(⑭   )が見られるようになる。その後，染色体が2つに分かれて，細胞質が2つに分かれる。

図3 ●植物の細胞分裂●

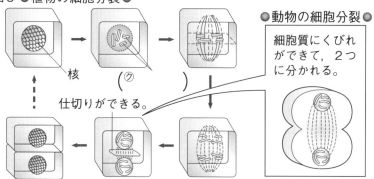

核

(㋒   )

仕切りができる。

●動物の細胞分裂●

細胞質にくびれができて，2つに分かれる。

分裂前に染色体の数は2倍になり，それが2つに分かれるため，分裂の前後で1つの細胞の染色体の数は同じになる。

(3) 体細胞分裂の観察　顕微鏡で体細胞分裂を観察するときには，酢酸オルセイン溶液などの(⑮   )で核や染色体を染める。

(4) (⑯   ) 生殖細胞をつくる細胞分裂。

(5) 減数分裂の過程　減数分裂は体細胞分裂と異なり，染色体の数がもとの細胞の半分になる。染色体の数が半分になった雌雄の生殖細胞が受精することで，親と子の染色体の数は同じになる。

---

⑨**細胞分裂**

1つの細胞が2つになること。

⑩**成長点**

植物において，細胞がさかんに分裂している部分。

⑪**根冠**

根の先端で，成長点を保護している部分。

⑫**体細胞**

生殖細胞以外の細胞。

⑬**体細胞分裂**

体細胞で起こる細胞分裂。

⑭**染色体**

細胞分裂のときに観察できるひものようなもの。生物の種類によって数が決まっている。

⑮**染色液**

細胞を生きていた状態で固定し，核や染色体を染める薬品。酢酸オルセイン溶液など。

⑯**減数分裂**

生殖細胞がつくられるときに行われる，染色体の数がもとの細胞の半分になる細胞分裂。

テストに出る！

予想問題

1章　生物のふえ方と成長

⏱ 30分

/100点

1 生物の生殖について，次の問いに答えなさい。　　　　　　　　3点×2〔6点〕

(1) アメーバのように体が2つに分かれるふえ方やヒドラのように体の一部が分かれるふえ方のように，雌雄の親を必要としない生殖を何というか。　　（　　　　　　　）

(2) (1)のうち，植物の体の一部（いもやむかごなど）から分かれて育ち，新しい個体になるふえ方を何というか。　　　　　　　　　　　　　　　　　　　　（　　　　　　　）

よく出る **2** 下の図1は，カエルの雄と雌がつくった生殖のための細胞を表したものである。また，図2は，図1のA，Bの細胞の核が合体した後の変化のようすを表したものである。あとの問いに答えなさい。　　　　　　　　　　　　　　　　　　　　　3点×7〔21点〕

図1　　　　図2

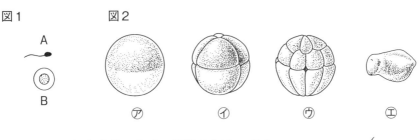

(1) 図1のA，Bのような生殖のための細胞を何というか。　　　　（　　　　　　　）

(2) 図1のAは精巣でつくられる細胞である。これを何というか。　（　　　　　　　）

(3) 図1のAとBの細胞の核が合体することを何というか。　　　　（　　　　　　　）

(4) (3)の結果，新たに生じた図2の㋐を何というか。　　　　　　　（　　　　　　　）

(5) 雌雄の親がかかわって子をつくる生殖を何というか。　　　　　（　　　　　　　）

(6) ㋐は細胞の数をふやし，㋑〜㋤を経て成体になる。㋑〜㋤を何というか。

（　　　　　　　）

(7) ㋐の細胞から成体になるまでの過程をいっぱんに何というか。　（　　　　　　　）

3 右の図は，被子植物の生殖について表したものである。これについて，次の問いに答えなさい。　　　　　　　　　　　　　　　　　　　　　　　　　　4点×7〔28点〕

(1) めしべの先の㋐の部分を何というか。　　　（　　　　　　　）

(2) ㋐に花粉がつくことを何というか。　　　　（　　　　　　　）

(3) ㋑の管を何というか。　　　　　　　　　　（　　　　　　　）

(4) ㋑の中を移動する細胞㋒を何というか。　　（　　　　　　　）

(5) 胚珠の中にある細胞㋤を何というか。　　　（　　　　　　　）

(6) ㋔，㋕の部分は，受精後，成長してそれぞれ何になるか。

㋔（　　　　　　　）

㋕（　　　　　　　）

4 下の図１は，ソラマメの根の先端の細胞を表したものである。図２は，図１をさらに顕微鏡で拡大して観察したときのようすである。あとの問いに答えなさい。　4点×6〔24点〕

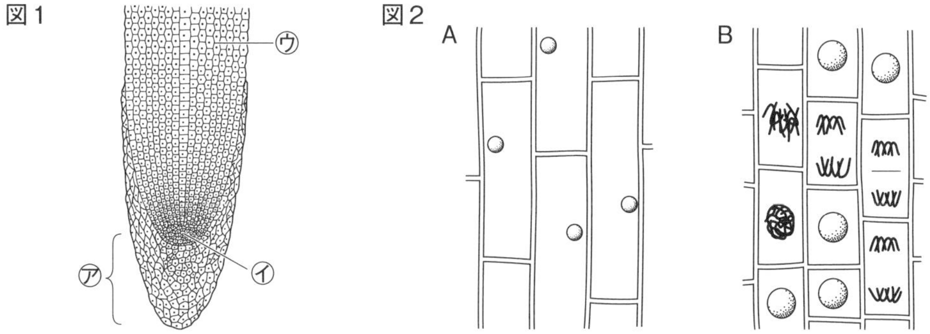

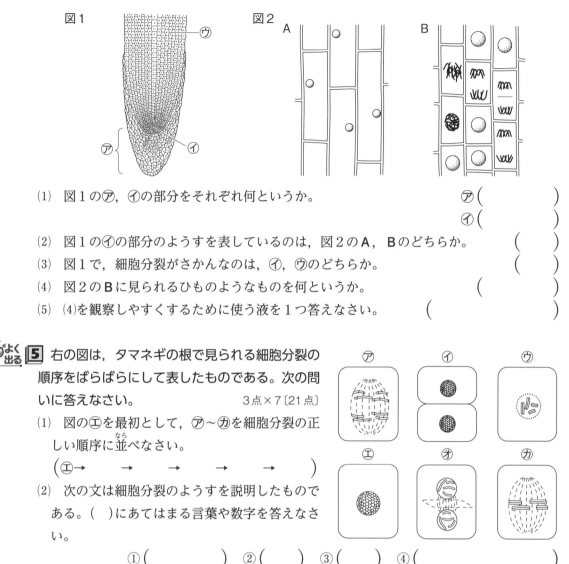

⑴　図１の㋐，㋑の部分をそれぞれ何というか。　㋐(　　　)　㋑(　　　)

⑵　図１の㋑の部分のようすを表しているのは，図２のA，Bのどちらか。　(　　)

⑶　図１で，細胞分裂がさかんなのは，㋑，㋒のどちらか。　(　　)

⑷　図２のBに見られるひものようなものを何というか。　(　　)

⑸　⑷を観察しやすくするために使う液を１つ答えなさい。　(　　　)

よく出る **5** 右の図は，タマネギの根で見られる細胞分裂の順序をばらばらにして表したものである。次の問いに答えなさい。　3点×7〔21点〕

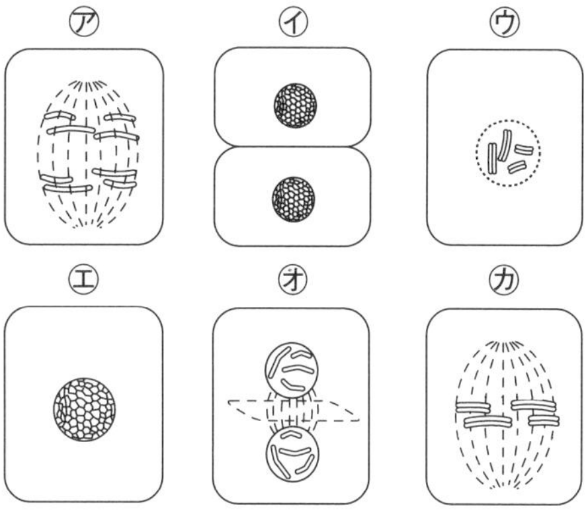

⑴　図の㋓を最初として，㋐～㋕を細胞分裂の正しい順序に並(なら)べなさい。

(㋓→　　→　　→　　→　　→　　)

⑵　次の文は細胞分裂のようすを説明したものである。(　)にあてはまる言葉や数字を答えなさい。

①(　　　)　②(　　)　③(　　)　④(　　　)

> 細胞分裂をはじめる前に，核の中の(　①　)が複製されて数が(　②　)倍になる。次にこの(　①　)が細胞の両端(りょうたん)に分かれ，２つの細胞になる。新しくできた細胞の(　①　)の数は，細胞分裂をはじめる前の細胞の(　③　)倍である。染色体の数がこのようになる細胞分裂を(　④　)という。

⑶　生物は，このような細胞分裂を行って細胞の数をふやすとともに，それぞれの細胞がどのように変化することで，成長しているか。　(　　　)

⑷　図の細胞分裂とは異(こと)なり，生殖細胞がつくられるときの細胞分裂を何というか。

(　　　)

2章　遺伝の規則性と遺伝子
3章　生物の種類の多様性と進化

満点★ミッション

①遺伝
親と同じ形質が子孫に現れること。

②遺伝子
形質のもとになり，親から子へ受けつがれるもの。染色体にある。

③純系
自家受粉により代を重ねてもその形質がつねに親と同じであるもの。

④対立形質
ある形質について，同時に現れない2つの形質。

⑤顕性形質
対立形質をもつ純系どうしをかけ合わせたときに，子に現れる形質。

⑥潜性形質
対立形質をもつ純系どうしをかけ合わせたときに，子に現れない形質。

⑦分離の法則
減数分裂の結果，対になっている遺伝子が2つに分かれて別々の生殖細胞に入ること。

テストに出る！　**ココが要点**　解答 p.2

① 遺伝の規則性と遺伝子
教 p.17〜p.27

1 親の特徴の子への伝わり方

(1)　<u>形質</u>　生物のもつ形や性質などの特徴。

(2)　（①　　　　　）　親と同じ形質が子やそれ以後の世代に現れること。形質のもとになるものを（②　　　　　）という。遺伝子は細胞の核内の<u>染色体</u>にある。

(3)　子への形質の伝わり方　無性生殖では，子は親と<u>まったく同じ</u>遺伝子を受けつぐ。これに対して有性生殖では，受精により両親の生殖細胞の遺伝子を半分ずつ受けつぐ受精卵ができる。

(4)　（③　　　　　）　自家受粉によって代を重ねても，その形質がすべて親と同じになる個体。

(5)　エンドウの種子の形　「丸」か「しわ」のどちらかである。このような，同時には現れない2つの形質を（④　　　　　）という。

(6)　メンデルの実験　対立形質をもつ純系の親をかけ合わせると，子にいずれか一方の形質だけが現れる。このとき子に現れる形質を（⑤　　　　　），現れない形質を（⑥　　　　　）という。

2 遺伝のしくみ

(1)　Aを「丸」の遺伝子，aを「しわ」の遺伝子とした場合，AAとaaの遺伝子の組み合わせをもつ親から生じる子の遺伝子の組み合わせはすべてAaであり，顕性形質である「丸」の形質が現れる。

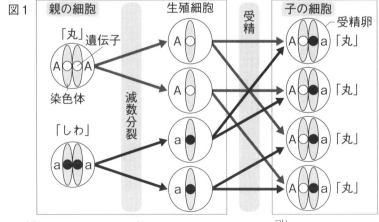

図1

(2)　（⑦　　　　　）　減数分裂のときに，対になっている遺伝子が分かれて別々の生殖細胞に入ること。

ココが要点の答えになります。

(3) 子から孫への遺伝子の伝わり方

Aaの遺伝子の組み合わせをもつ子どうしをかけ合わせると, 孫の遺伝子の組み合わせは, AA, Aa, aaの3種類で, その割合が, AA：Aa：aa＝ <u>1：2：1</u> となる。

図2

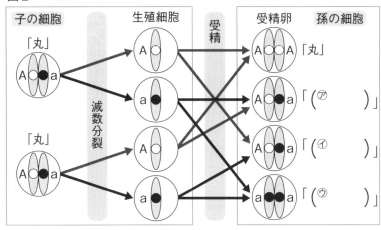

満点★ミッション

ポイント

図2では,
丸：しわが3：1の
割合で現れる。

(4) (⑧　　　) 形質のもとになっている遺伝子の本体。

⑧DNA

遺伝子の本体。細胞の核内の染色体にふくまれている。
デオキシリボ核酸の略称。

② 生物の種類の多様性と進化
教 p.28〜p.35

1 生物の進化

(1) (⑨　　　) 生物が長い年月をかけて世代を重ねる間に変化すること。進化の結果, 地球上にさまざまな生物が出現した。

(2) 進化の証拠

● **シソチョウ**(始祖鳥)…は虫類と鳥類の特徴をあわせもつ。

　[鳥類の特徴] →羽毛をもち, 前あしが翼になっている。

　[は虫類の特徴] →口には歯, 翼の先には爪がある。

● (⑩　　　)…基本的なつくりが同じで, 同じ起源のものから変化してできたと考えられる器官。

ポイント

生物に別の生物の遺伝子を導入して, 遺伝子を変化させる技術を**遺伝子組換え**という。

⑨(生物の)進化

生物が長い年月をかけて世代を重ねていくうちに変化していくこと。

⑩相同器官

見かけの形やはたらきは異なっていても基本的なつくりは同じで, 起源は同じと考えられる器官。

図3
カエル　カメ　ハト　イヌ　コウモリ　クジラ　ヒト

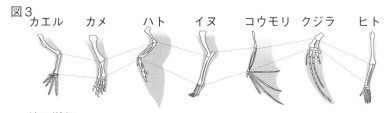

(3) 脊椎動物と植物の進化

● 脊椎動物の進化　**魚類** ──→ **両生類** ──< **哺乳類**　**は虫類** ──→ **鳥類**

● 植物の進化　シダ植物 ──→ 裸子植物 ──→ 被子植物

テストに出る！
予想問題

2章　遺伝の規則性と遺伝子
3章　生物の種類の多様性と進化

⏱30分

/100点

1 右の図は，エンドウの種子の形の親から子への伝わり方を表したものである。これについて，次の問いに答えなさい。

5点×5〔25点〕

(1) エンドウの種子の形のような，生物がもつ形や性質などの特徴を何というか。
（　　　　　　）

(2) 親のもつ(1)が子やそれ以後の世代に現れることを何というか。（　　　　　　）

(3) エンドウの種子の丸としわのように，同時に現れない2つの形質のことを何というか。
（　　　　　　）

(4) (1)のもとになるものを遺伝子という。遺伝子は細胞のどの部分にあるか。
（　　　　　　）

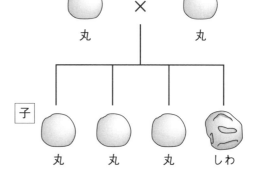

(5) 図から，有性生殖において，親のもつ特徴は子にはどのように現れることがわかるか。次のア，イから選びなさい。（　　　）

ア　子には親と同じ特徴だけが現れる。

イ　子には親と異なる特徴が現れることがある。

2 右の図は，動物がなかまをふやすようすを表したものである。これについて，次の問いに答えなさい。

5点×3〔15点〕

(1) Aの細胞分裂を何というか。
（　　　　　　）

(2) Aと受精によって，細胞の中の染色体の数は，親と子でどのようになるか。次のア〜ウから選びなさい。（　　　）

ア　2倍になる。

イ　半分になる。

ウ　同じになる。

母親の細胞　父親の細胞

↓A　↓A

卵　精子

受精

受精卵

(3) Aと受精によって，子は両親の遺伝子をどのように受けつぐか。次のア〜ウから選びなさい。（　　　）

ア　母親の遺伝子だけを受けつぐ。

イ　父親の遺伝子だけを受けつぐ。

ウ　両親の遺伝子を半分ずつ受けつぐ。

[よく出る] **[3]** エンドウには，たけが高くなるものと低くなるものとがあり，その中間の形質は存在しない。エンドウがもつ，たけが高くなる遺伝子をT，低くなる遺伝子をtとする。TTの遺伝子の組み合わせをもつ個体と，ttの遺伝子の組み合わせをもつ個体との間にできる子の遺伝子の組み合わせは，右の図１のようにすべてTtとなり，たけが高くなる。図１でできた子を自家受粉させ，孫に現れる形質を調べたところ，図２のようになった。次の問いに答えなさい。

4点×9〔36点〕

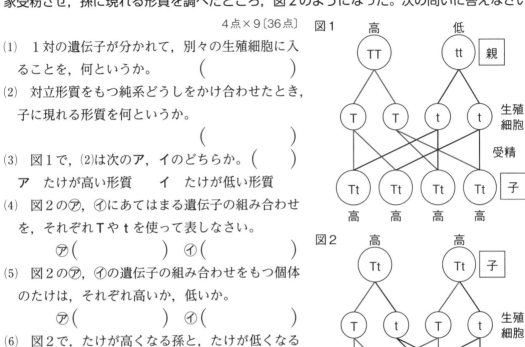

⑴　１対の遺伝子が分かれて，別々の生殖細胞に入ることを，何というか。（　　　　）

⑵　対立形質をもつ純系どうしをかけ合わせたとき，子に現れる形質を何というか。

（　　　　）

⑶　図１で，⑵は次のア，イのどちらか。（　　）

ア　たけが高い形質　　**イ**　たけが低い形質

⑷　図２の㋐，㋑にあてはまる遺伝子の組み合わせを，それぞれ**T**や**t**を使って表しなさい。

㋐（　　　　）　㋑（　　　　）

⑸　図２の㋐，㋑の遺伝子の組み合わせをもつ個体のたけは，それぞれ高いか，低いか。

㋐（　　　　）　㋑（　　　　）

⑹　図２で，たけが高くなる孫と，たけが低くなる孫の個体数を比で表すと，どのようになるか。

高い：低い＝（　　　　）

⑺　遺伝子の本体は何という物質か。アルファベット３文字で書け。（　　　　）

図１

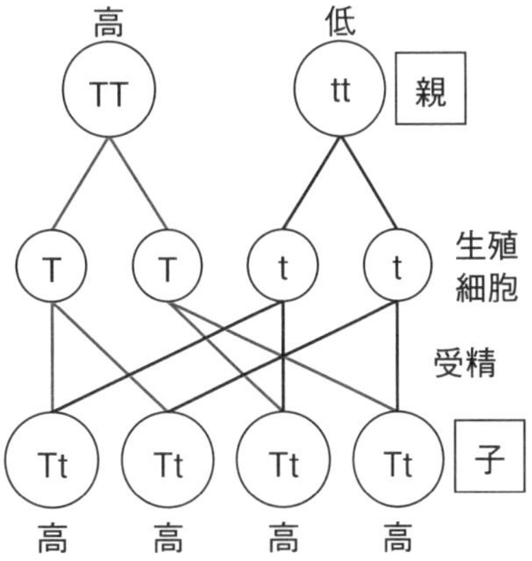

図２

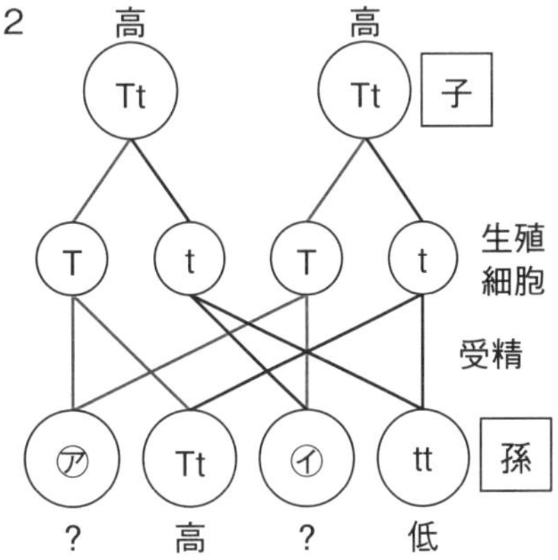

[4] 右の図１は脊椎動物の前あしの骨格を比較したもので，図２は中生代の中ごろの地層から発見されたあるシソチョウの化石である。次の問いに答えなさい。

6点×4〔24点〕

⑴　図１のように，骨格の基本的なつくりが同じで，同じ形とはたらきのものが変化してできたと考えられる器官を何というか。

（　　　　）

⑵　生物が長い時間の中で世代を重ねる間に変化することを生物の何というか。

（　　　　）

図１

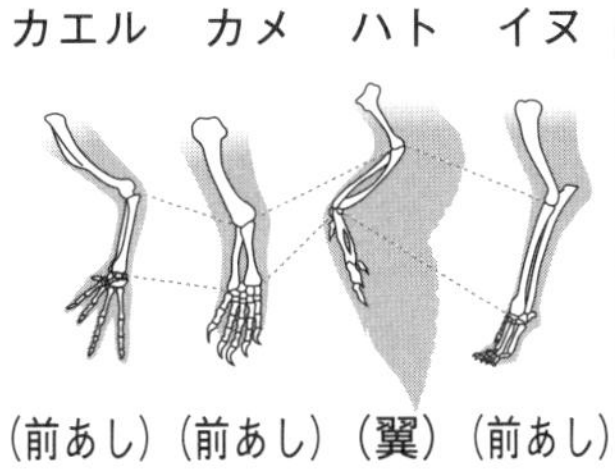

図２

⑶　生物の生活場所は，どこからどこへ広がったと考えられるか。

（　　　　）

⑷　シソチョウは，鳥類と何類の中間の生物だと考えられているか。（　　　　）

1章　地球から宇宙へ

テストに出る！　ココが要点　解答 p.3

① 太陽系の天体

教 p.48〜p.57

満点★ミッション

① 恒星
　太陽のようにみずから光をはなつ天体。

② 黒点
　太陽の表面にある，周囲より温度が低く，暗く見える部分。

③ プロミネンス(紅炎)
　太陽の表面に見られる炎のようなガスの動き。

④ コロナ
　太陽全体をとり巻くガス。

⑤ (地球の)自転
　地軸を中心とした地球の回転。

⑥ (地球の)公転
　地球が太陽のまわりを1年で1周すること。

⑦ 惑星
　太陽のまわりを公転する8つの大きな天体。

1 太陽系の天体

(1) （①　　　　　）みずから光をはなつ天体。太陽や星座の星。

(2) 太陽の特徴
　● 表面温度は約6000℃。
　●（②　　　）の温度は周囲より1500℃〜2000℃低く，暗く見える。
　● 太陽は自転しているので，黒点が移動して見える。
　● 炎のようなガスの動きを（③　　　　　　），太陽全体をとり巻く高温のガスを（④　　　　）という。

図1 ●太陽のようす●

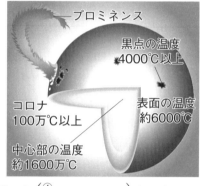

プロミネンス
黒点の温度 4000℃以上
コロナ 100万℃以上
表面の温度 約6000℃
中心部の温度 約1600万℃

(3) （⑤　　　　　）地球が地軸(北極と南極を結ぶ軸)を中心として回転すること。1日で1回転している。

(4) （⑥　　　　　）地球が自転しながら太陽のまわりを1年で1周すること。

(5) 天体が1回自転するのにかかる時間を自転周期，1回公転するのにかかる時間を公転周期という。

(6) 地球の自転・公転の向き　自転・公転ともに，北極側から見て反時計回りである。

(7) （⑦　　　　　）太陽のまわりを公転する8つの天体のこと。

図2 ●惑星●

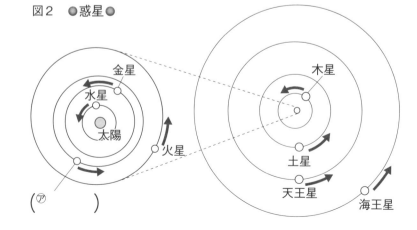

金星
水星
太陽
火星
木星
土星
天王星
海王星
（⑦　　　　　）

ココが要点の答えになります。

- 惑星は太陽に近い順に，**水星**，**金星**，**地球**，**火星**，**木星**，**土星**，**天王星**，**海王星**がある。太陽とそのまわりのさまざまな天体をまとめて（⑧　　　　）という。

(8) （⑨　　　　）　表面が岩石，中心部が金属でできている，平均密度が**大きい**惑星のこと。水星，金星，地球，火星。

(9) （⑩　　　　）　水素などの軽い物質からできている，平均密度が**小さい**惑星のこと。木星，土星，天王星，海王星。

(10) 太陽系の小天体

- （⑪　　　　）…おもに**火星と木星**の間にある多数の小天体。
- **太陽系外縁天体**…おもに海王星の外側にある天体。冥王星など。
- **すい星**…細長いだ円軌道で公転する，氷やちりでできた天体。
- （⑫　　　　）…惑星のまわりを公転する天体。月など。

太陽系の惑星（上から太陽に近い順）

㋑	もっとも小さい惑星。大気がほとんどない。
㋒	おもに二酸化炭素からなり，厚い硫酸の雲をもつ。
地球	太陽系で唯一表面に液体の水がある。
㋓	二酸化炭素からなるうすい大気をもつ。
㋔	太陽系で最大の惑星。
㋕	太陽系で２番目に大きく，リングをもつ。
天王星	自転軸が大きく傾いている。
海王星	天王星よりもメタンを多くふくむ大気をもつ。

② 宇宙の広がり

[教] p.58〜p.65

1 太陽系の外の世界

(1) 銀河系と銀河

- 光が１年間に進む距離を**１光年**という。
- 恒星の明るさは（⑬　　　　）で表す。等級が小さいほど明るい。
- 太陽系をふくむ約2000億個の恒星の集まりを（⑭　　　　）という。
- 銀河系には，恒星の集団である**星団**や，ガスの集まりである**星雲**もある。

図３ ●銀河系●

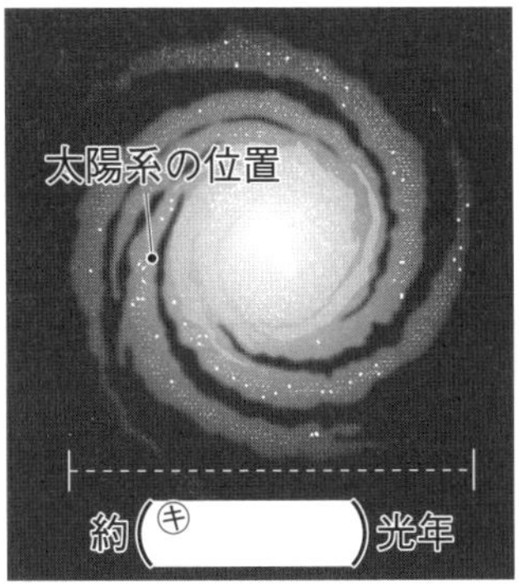

- 銀河系の外側には，恒星が集まった**銀河**がたくさんある。

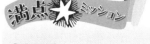

満点ミッション

⑧**太陽系**
太陽と，そのまわりのさまざま天体の集まり。

⑨**地球型惑星**
おもに岩石や金属からなる，質量が小さく，平均密度が大きい４つの惑星。

⑩**木星型惑星**
水素やヘリウムなどの軽い物質からなる，質量が大きく，平均密度が小さい４つの惑星。

⑪**小惑星**
多くは火星と木星の間にある，不規則な形をした小天体。

⑫**衛星**
月などのように，惑星のまわりを公転している天体。

⑬**等級**
恒星の明るさの表し方。肉眼で見えるもっとも暗い明るさを６等級とし，それより100倍明るい恒星の明るさを１等級として決めている。

⑭**銀河系（天の川銀河）**
太陽系をふくむ約2000億個の恒星の集まり。

テストに出る！

予想問題　1章　地球から宇宙へ

30分　/100点

よく出る **1** 右の図1は，天体望遠鏡を使って，太陽を観察しているようすである。これについて，次の問いに答えなさい。　5点×4〔20点〕

図1

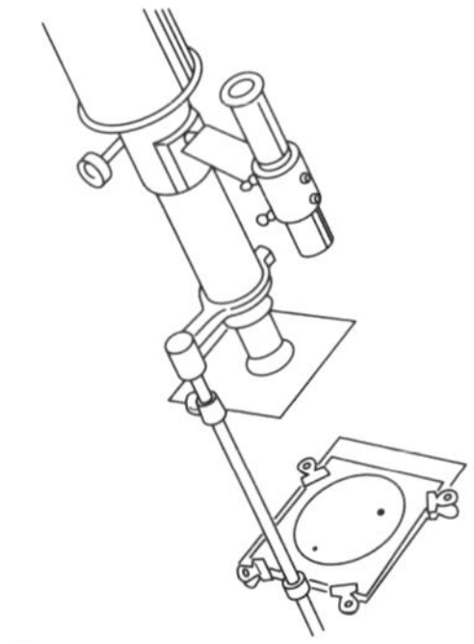

(1) 図2は太陽投影板(とうえいばん)に映し出された像が，観察中に動いていく向きを矢印で表したものである。東と西の方位はどちらか。次の㋐～㋓から選びなさい。　(　　)

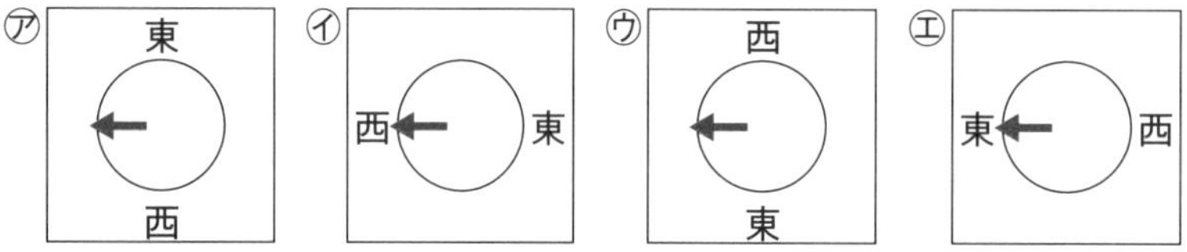

(2) 太陽投影板に映し出された太陽の像に見られる暗い部分は何を表しているか。　(　　　　)

(3) (2)の温度は周囲と比較して高いか，低いか。　(　　　　)

記述 (4) (2)のようすを数日間観察すると，位置が少しずつ移動していくことがわかる。これは，太陽がどのような動きをしているからか。
(　　　　　　　　　　　　)

図2

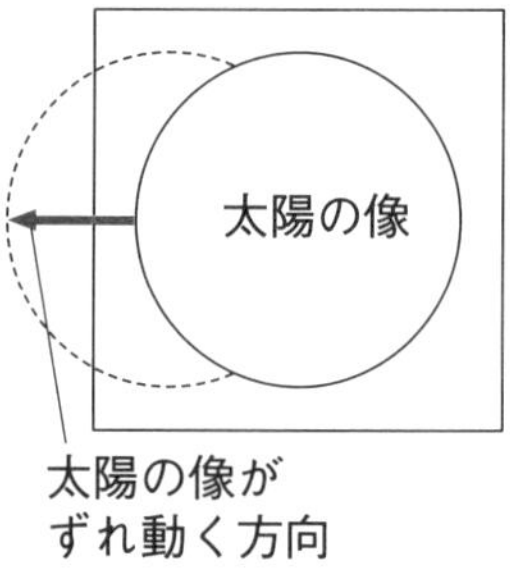

2 右の図は，太陽の表面のようすを表したものである。これについて，次の問いに答えなさい。　4点×6〔24点〕

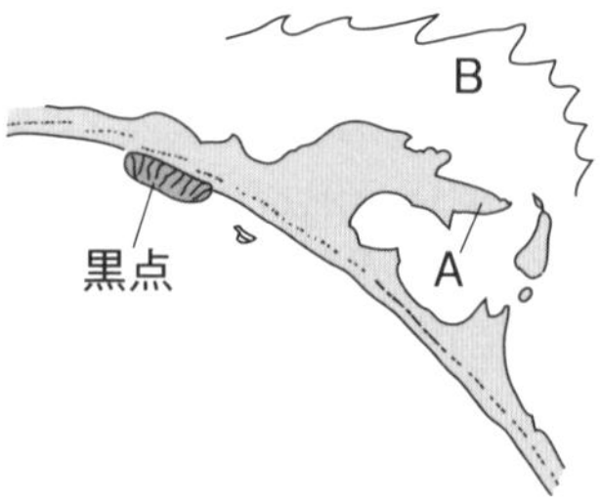

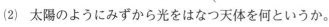

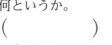

(1) 図の炎のようなガスの動きであるA，太陽全体をとり巻く高温のガスであるBをそれぞれ何というか。
A (　　　　)
B (　　　　)

(2) 太陽のようにみずから光をはなつ天体を何というか。　(　　　　)

(3) 太陽はおもに何でできているか。次のア～ウからもっとも適当なものを選びなさい。　(　　)
ア　金属　　イ　ガス(気体)　　ウ　岩石

(4) 太陽の表面を観察すると，中央部で円形に見えた黒点は，周辺部では横に縮んだ縦長(たてなが)の形に見える。このことから，太陽はどのような形をしていることがわかるか。　(　　　　)

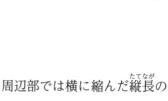

(5) 地球は自転をしながら，太陽のまわりを1年で1周する。この運動を地球の何というか。　(　　　　)

[3] 右の図は，太陽を中心にした天体の集まりを表したものである。また，図のCは地球である。これについて，次の問いに答えなさい。
3点×12〔36点〕

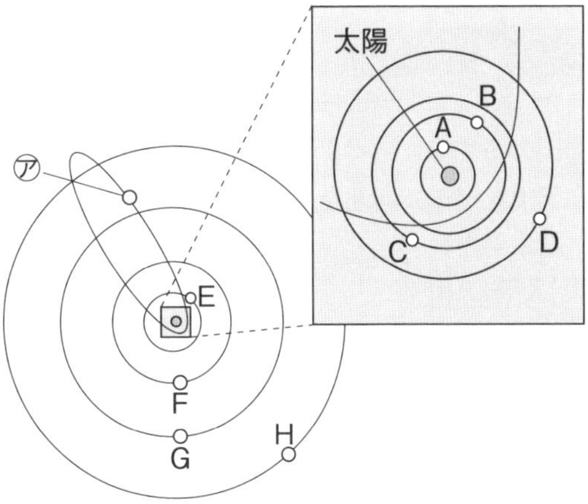

(1) 図のような太陽を中心とした天体の集まりを何というか。 (　　　　)

(2) 太陽のまわりを公転している，A〜Hの8つの天体を何というか。
(　　　　)

(3) AとHの天体をそれぞれ何というか。
A (　　　　)
H (　　　　)

(4) A〜Hの天体は，大きさや質量，平均密度などによって，2つのグループに分類することができる。A〜Dの惑星とE〜Hの惑星をそれぞれ何というか。
A〜D (　　　　)
E〜H (　　　　)

(5) (4)で答えた2つのグループのうち，平均密度が小さいのはどちらか。名称で答えなさい。
(　　　　)

(6) (4)で答えた2つのグループのうち，表面が岩石でできているのはどちらか。名称で答えなさい。 (　　　　)

(7) 図の㋐は，細長いだ円軌道をもち，太陽に近づくとガスやちりを放出するすがたが見られることがある。この天体を何というか。 (　　　　)

(8) Dの天体とEの天体の間にある多数の小天体を何というか。 (　　　　)

(9) おもにHの天体より外側を公転する天体を何というか。 (　　　　)

(10) 月は地球のまわりを自転しながら公転している。このように惑星のまわりを公転する天体を何というか。 (　　　　)

[4] 右の図は，太陽をふくむ約2000億個の恒星の集団を表したものである。これについて，次の問いに答えなさい。
4点×5〔20点〕

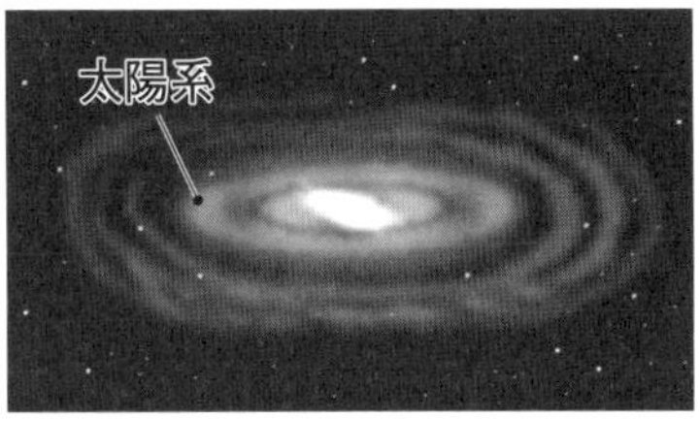

(1) 図の恒星の大きな集団を何というか。
(　　　　)

(2) 地球から見た(1)は，晴れた夜空には何として見られるか。その名称を答えなさい。 (　　　　)

(3) (1)にある雲のようなガスの集まりを何というか。
(　　　　)

(4) 光が1年間に進む距離を何という単位で表すか。 (　　　　)

(5) 図のような恒星の集団は宇宙にたくさんある。それらを何というか。
(　　　　)

2章 太陽と恒星の動き

満点★ミッション

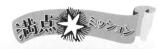

①天の子午線
天頂を通って南北を結ぶ半円。

②(太陽の)南中
天体が天の子午線上にきたときのこと。

③南中高度
南中したときの天体の高度。

④日周運動
地球が西から東へ自転することによる，天体の見かけの動き。天体は東から西へ動くように見える。

⑤地軸
地球が自転する軸。北極と南極を結ぶ線。

ココが要点の答えになります。

テストに出る！ ココが要点 解答 p.4

1 太陽の動き

教 p.66〜p.73

1 太陽の１日の動き

(1) (①　　　　) 北と天頂と南を結ぶ半円。

(2) (②　　　　) 太陽が天の子午線上にきたときのこと。太陽の高度がもっとも高くなる。このときの高度を(③　　　　)という。

図１
●太陽の見かけの動き●

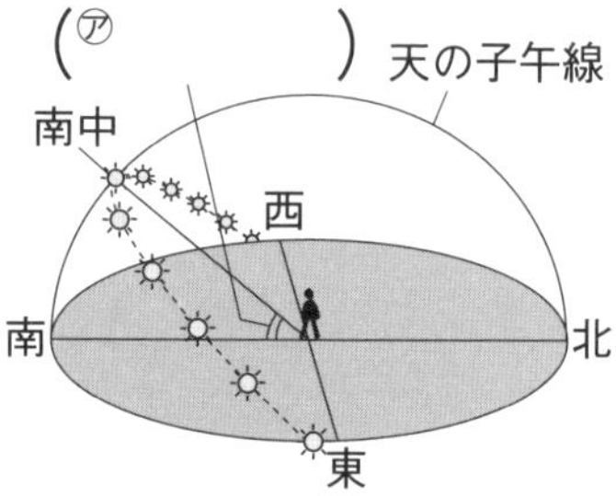
(㋐　　　　)
天の子午線
南中
西
南
北
東

(3) 太陽の(④　　　　) 地球の自転により，太陽が東から西へ動いて見えること。

(4) 自転の速さ　地球は１日で約１回転(360°)しているので，１時間で約15°自転している。

2 太陽の１年の動き

(1) 太陽の動きと季節の変化

- 地球は(⑤　　　　)を公転面に垂直な方向に対して約23.4°傾けて，自転しながら公転しているため，季節によって太陽の南中高度や昼間の長さに変化が生じる。

図２

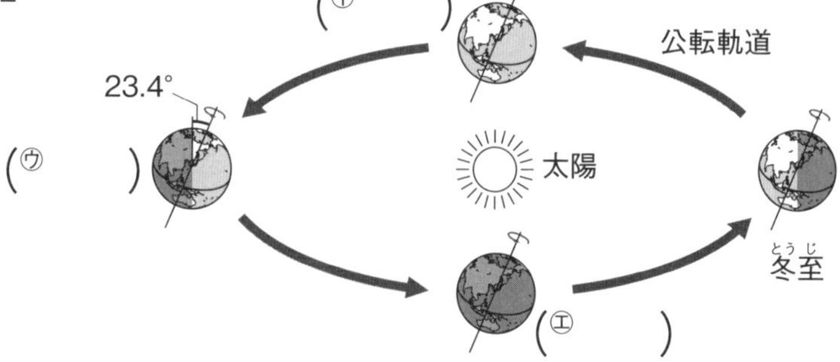
(㋑　　　)
公転軌道
23.4°
(㋒　　　)
太陽
冬至
(㋓　　　)

- 北半球では，夏に太陽の南中高度が高く，昼間が長くなる。
- 太陽の光が当たる角度が垂直に近いほど太陽のエネルギーを多く受けとるため，太陽の高度が高いときほど気温が上がる。

図３

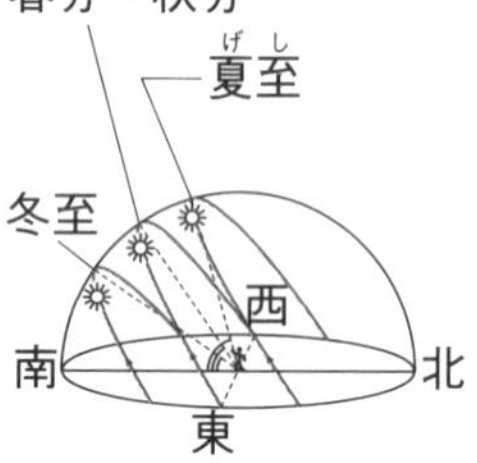
春分・秋分
夏至
冬至
西
南
北
東

② 星座の星の動き

教 p.74～p.81

1 星の1日の動き

(1) (⑥　　　　　　) プラネタ
リウムのドームのように，空を
球状に表したもの。

(2) 星の1日の動き

● 北の空の星は，(⑦　　　　)
(北極星付近)を中心に，<u>反時
計</u>回りに回転して見える。

● 東の空の星は，南の空に移動
し，西の空に沈(しず)む。

図4 ●星の日周運動●

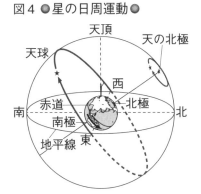

図5

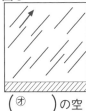
(㋓　　　)の空

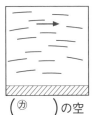
(㋕　　　)の空

(㋖　　　)の空

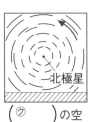
(㋗　　　)の空

● 緯度(いど)によって，日周運動は異なって見える。日本では太陽や星
は<u>天の北極</u>(北極星付近)を中心に回転して見えるが，南半球で
は，太陽や星は，<u>天の南極</u>を中心に回転して見える。

2 星の1年の動き

(1) 太陽の1年の動き　太陽は1年かけて星座の中を移動するよう
に見える。この星座の中の太陽の通り道を(⑧　　　　　)という。

(2) 星座の星の1年の動き　同じ時刻(じこく)に星座を観測すると，1か月
に約30°ずつ<u>東</u>から<u>西</u>に動いて見える。

(3) (⑨　　　　　　) 地球の<u>公転</u>による星座の星の見かけの動き。
1年で1周して見える。

図6

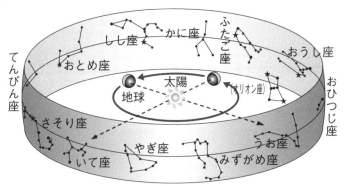

⑥天球(てんきゅう)

天体の位置や動きを
表すための見かけ上
の球状の天井のこと。

⑦天の北極

地軸を延長(えんちょう)し，天球
と交わるところのう
ち，北側のもの。北
極星付近にある。

⑧黄道(こうどう)

地球の公転により，
星座の星の中を移動
して見える，太陽の
通り道。

⑨(星座の星の)年周運(ねんしゅううん)動(どう)

地球の公転による星
座の星の見かけの動
き。

ポイント

地球の公転は365日
で360°，つまり，
地球は太陽を中心と
して1日に約1°移
動している。

15

テストに出る！

予想問題

2章　太陽と恒星の動き－①

⏱ 30分

/100点

1 右の図は，日本のある地点である日の太陽の動きを透明半球に記録したものである。これについて，次の問いに答えなさい。

4点×6〔24点〕

(1) 太陽の位置を記録するとき，フェルトペンの先の影をどこに合わせればよいか。図の記号で答えなさい。　（　　　）

(2) 図の透明半球を観測者から見た天球と考えたとき，観測者の位置はどこか。図の記号で答えなさい。　（　　　）

(3) 北の方位はどれか。図の記号で答えなさい。　（　　　）

(4) 天体の位置が真南になったときの高度を何というか。　（　　　　　　　）

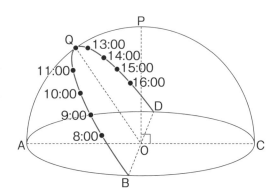

(5) 図の透明半球で，C，P，Q，Aを通る半円を何というか。　（　　　　　　　）

(6) この日の日の出の時刻にもっとも近いものを，次のア〜エから選びなさい。　（　　　）

ア　4時　　イ　5時　　ウ　6時　　エ　7時

2 右の図は太陽のまわりを回っている地球の春分，夏至，秋分，冬至の位置を表したものである。これについて，次の問いに答えなさい。

5点×8〔40点〕

(1) 日本が夏至のとき，地球の位置は，A〜Dのどれか。　（　　　）

(2) 日本が春分のとき，地球の位置は，A〜Dのどれか。　（　　　）

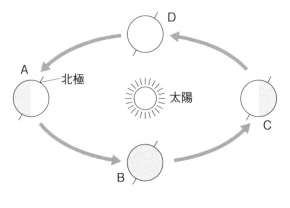

(3) Cの位置のとき，日本では，昼間と夜間のどちらの時間が長いか。

（　　　　　　　）

(4) 日本で太陽の南中高度がもっとも高くなるのは，A〜Dのどの位置のときか。

（　　　　　）

(5) 日本で四季の変化が生じるのは，何の変化によるか。次のア〜エから2つ選びなさい。

ア　地球と太陽の距離の変化　　イ　昼間の長さの変化　　（　　　）（　　　）

ウ　太陽の大きさの変化　　　　エ　太陽の南中高度の変化

(6) (5)の変化は何によって起こるか。次のア〜エから2つ選びなさい。　（　　　）（　　　）

ア　太陽のエネルギー　　イ　太陽の日周運動

ウ　地球の公転　　　　　エ　地球の地軸の傾き

3 右の図1は，東京の太陽の日周運動の季節変化を表したもので，㋐～㋒は春分と秋分，夏至，冬至のいずれかを記録したものである。また，図2は季節による南中高度の変化を，図3は日の出と日の入りの時刻の変化をグラフに表したものである。これについて，あとの問いに答えなさい。 4点×9〔36点〕

図1

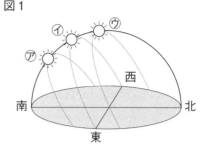

図2

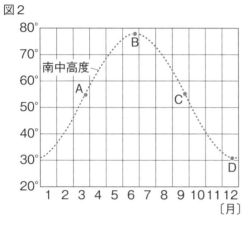

図3

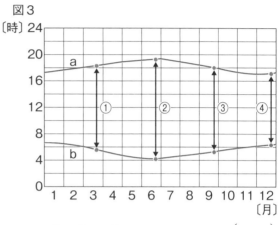

(1) 図1で，夏至の太陽の動きを表しているのは，㋐～㋒のどれか。 （　　）

(2) 図1で，昼間と夜間の長さがほぼ同じになる日の太陽の動きを表しているのは，㋐～㋒のどれか。 （　　）

(3) 太陽が図1の㋐のように動くときの南中高度を表しているのは，図2のA～Dのどの点か。 （　　）

(4) 南中高度が図2のDのようにもっとも低くなるときを何というか。漢字2文字で答えなさい。 （　　）

(5) 図3で，aのグラフは，日の出と日の入りのどちらの時刻を表すか。 （　　）

(6) 図3で，昼間の長さがもっとも長いとき，昼間の長さはおよそ何時間か。 （　　）

(7) 昼間の長さが図3の③のようになるのは，図1の㋐～㋒のどのときか。 （　　）

(8) 昼間の長さが図3の③のようになるときを何というか。漢字2文字で答えなさい。 （　　）

(9) 日本で太陽の南中高度がもっとも高くなる日，南半球のオーストラリアで天の子午線上を通過する太陽の高度はどのようになるか。次のア～ウから選びなさい。 （　　）

　ア　もっとも高くなる。

　イ　もっとも低くなる。

　ウ　1年で変化しない。

テストに出る！

予想問題

2章　太陽と恒星の動き－②

⏱ 30分

/100点

1 右の図は，日本のある地点で，時間をおいて観測したカシオペヤ座の位置である。これについて，次の問いに答えなさい。

5点×5〔25点〕

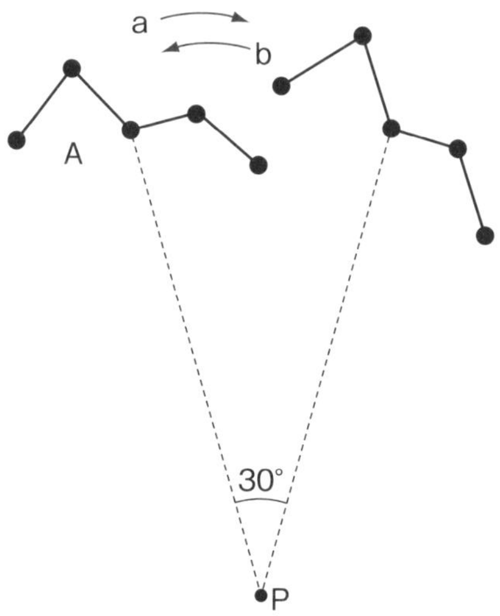

(1) カシオペヤ座は，天球上の点Pを中心にして回っているように見える。点Pを何というか。

（　　　　　　）

(2) 点Pの点のすぐ近くにある星の名称を答えなさい。

（　　　　　　）

(3) カシオペヤ座が動いた方向は，aとbのどちらか。

（　　　　　　）

(4) カシオペヤ座が30°回転するのに，約何時間かかるか。

（　　　　　　）

(5) カシオペヤ座は，Aの位置で観測された約何時間後に，再びAの位置で観測されるか。次のア～エから選びなさい。

（　　　）

ア　約1時間後　　イ　約6時間後

ウ　約12時間後　　エ　約24時間後

2 下の図は，地球上のある地点での星の動きを表したものである。これについて，あとの問いに答えなさい。

5点×4〔20点〕

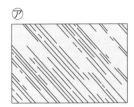
⑦

⑦

⑦

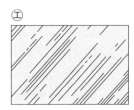
⑦

(1) 観測した場所が日本であったとすると，北の空の星の動きを表すのは，図の⑦～⑦のどれか。

（　　　）

(2) 観測した場所が日本であったとすると，東の空の星の動きを表すのは，図の⑦～⑦のどれか。

（　　　）

(3) 観測した場所が日本であったとすると，図の⑦の星の動きは次のア，イのどちらか。

（　　　）

ア　時計回りに回転する。　　イ　反時計回りに回転する。

(4) 観測した場所が南半球のオーストラリアであったとすると，南の空の星の動きを表すのは，図の⑦～⑦のどれか。

（　　　）

3 下の図は，11月から１月までの毎月15日の午前０時に，観測した星座の位置の移り変わりを表したものである。これについて，あとの問いに答えなさい。　5点×7〔35点〕

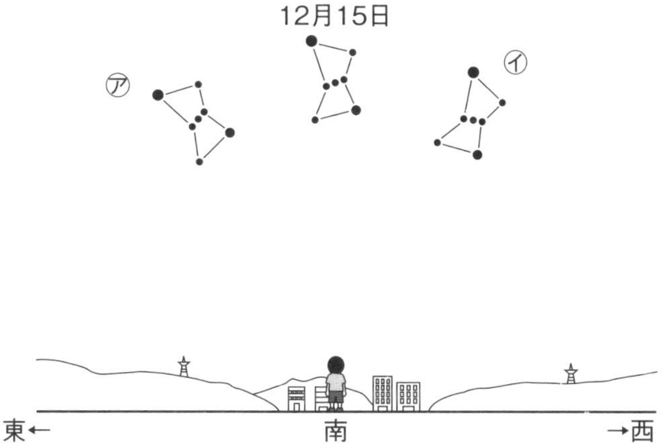

⑴　観測した星座の名称を答えなさい。　(　　　　)
⑵　この星座は，どの方位からのぼってきたか。　(　　　　)
⑶　１月に観測した星座の位置は，どの位置に見えるか。図の㋐，㋑から選びなさい。　(　　)
⑷　同じ時刻に観測できる星座の位置は，１か月で約何度移動して見えるか。　(　　　　)
⑸　⑷のような天体の動きは，地球の１年を周期としたある運動によって起こる。これを地球の何というか。　(　　　　)
⑹　⑸の運動による，星の１年間の見かけの動きを星の何というか。　(　　　　)
⑺　夏(６月)の同じ時刻に，図の星座を観測することはできるか。　(　　　　)

4 右の図は，季節によって見える星座が移り変わるようすを表したものである。これについて，次の問いに答えなさい。　5点×4〔20点〕

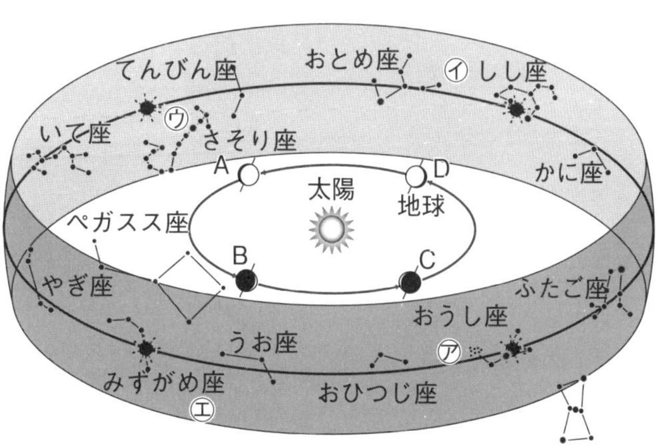

⑴　地球から見ると，太陽は，１年かけて天球上の星座の間を動いていくように見える。この太陽の通り道を何というか。　(　　　　)
⑵　⑴のような太陽の動きは地球の何という動きによって起こるか。　(　　　　)
⑶　地球がAの位置にあるとき，太陽は㋐～㋓のどの星座の方向に見えるか。　(　　)
⑷　地球がBの位置にあるとき，見ることができない星座は㋐～㋓のどれか。　(　　)

3章　月と金星の動きと見え方

テストに出る！　**ココが要点**　解答 p.5

① 月の動きと見え方

教 p.83〜p.85

1 月の動きと見え方

(1) 月の見え方

●月が地球のまわりを公転することで，<u>太陽・月・地球の位置関係</u>が変化し，月の見え方が変わる。

図1

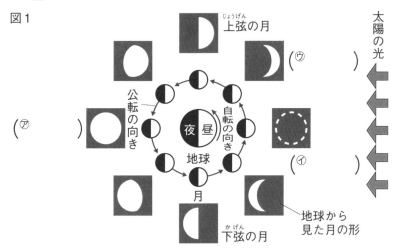

●月を同じ時刻に毎日観測すると，月の見える位置は<u>西</u>から<u>東</u>へ1日につき約12°動いて見える。

2 日食

(1) （①　　　　　）<u>太陽，月，地球</u>の順に一直線上に並び，太陽の全体や一部が月にかくされて見えなくなる現象。日食は<u>新月</u>のときに起こるが，新月のときにいつも起こるわけではない。

①<u>日食</u>
太陽が月にかくされて見えなくなる現象。

②<u>部分日食</u>
太陽の一部が月にかくされる日食。

③<u>皆既日食</u>
太陽が完全に月にかくされる日食。

④<u>金環日食</u>
月が太陽をかくしきれず，太陽が丸い輪のように見える日食。

図2

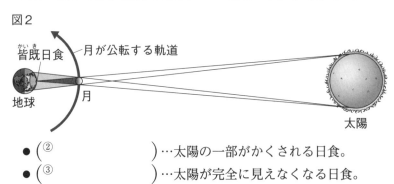

● （②　　　　　）…太陽の一部がかくされる日食。
● （③　　　　　）…太陽が完全に見えなくなる日食。
● （④　　　　　）…月よりも太陽が大きく見え，太陽の周囲が丸い輪のように見える日食。

ココが要点の答えになります。

3 月食

(1) （⑤　　　　　） 太陽，地球，月の順に一直線上に並び，地球の影に月の全体や一部が入る現象。月食は満月のときに起こるが，満月のときにいつも起こるわけではない。

- （⑥　　　　　　　）…月の一部が地球の影に入る月食。
- （⑦　　　　　　　）…月が完全に地球の影に入る月食。

図3

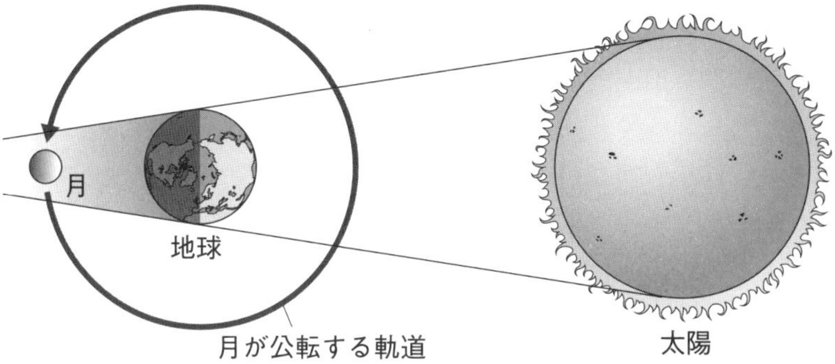

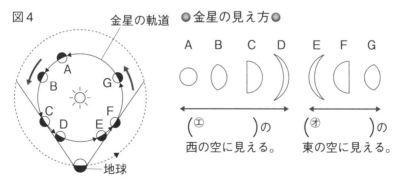

満点★ミッション

⑤**月食**
地球の影に月が入る現象。

⑥**部分月食**
月の一部が地球の影に入る月食。

⑦**皆既月食**
月が完全に地球の影に入る月食。

② 金星の動きと見え方

教 p.86〜p.91

1 金星の動きと見え方

(1) 金星の見え方

- 地球と金星は公転周期がちがうので，地球と金星の位置関係はたえず変化していく。そのため，金星は星座の間を複雑に動いて見える。

- 金星は地球よりも太陽の近くを公転していて，地球から見て太陽と反対方向に位置することがないため，真夜中には見えない。

- 明け方の東の空か，夕方の西の空だけで見られる。

図4　金星の軌道　●金星の見え方●

A B C D　E F G

（①　　　　）の西の空に見える。　（⑦　　　　）の東の空に見える。

- 図4では，AからDの順に地球に近づくほど，細長くて大きくなっていくように見える。EからGの順に地球から遠ざかるほど，丸くて小さくなっていくように見える。

ポイント

金星は地球より公転周期が短い（約0.62年で1回公転する）ため，地球の内側を反時計回りに回るように見える。

テストに出る！
予想問題　3章　月と金星の動きと見え方

30分　/100点

[1] 右の図1は，月が地球のまわりを公転するようすを表したものである。これについて，次の問いに答えなさい。
3点×10〔30点〕

図1

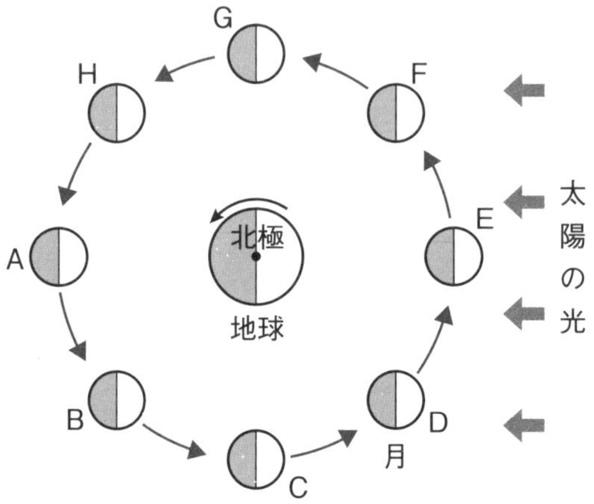

(1) 地球から見た太陽と月はほぼ同じ大きさであるが，実際の太陽の直径は月の直径の約400倍である。地球から太陽までの距離は，地球から月までの距離の約何倍であると考えられるか。（　　　）

(2) 月の形が変化して見えるのは月の何という動きのためか。（　　　）

(3) 下の図2は，夕方に見える月の形と位置を，日を変えて観測したものである。図2の㋐～㋒は，それぞれ図1のどの位置に月があるときの見え方か。A～Hから選びなさい。
㋐（　　）㋑（　　）㋒（　　）

図2

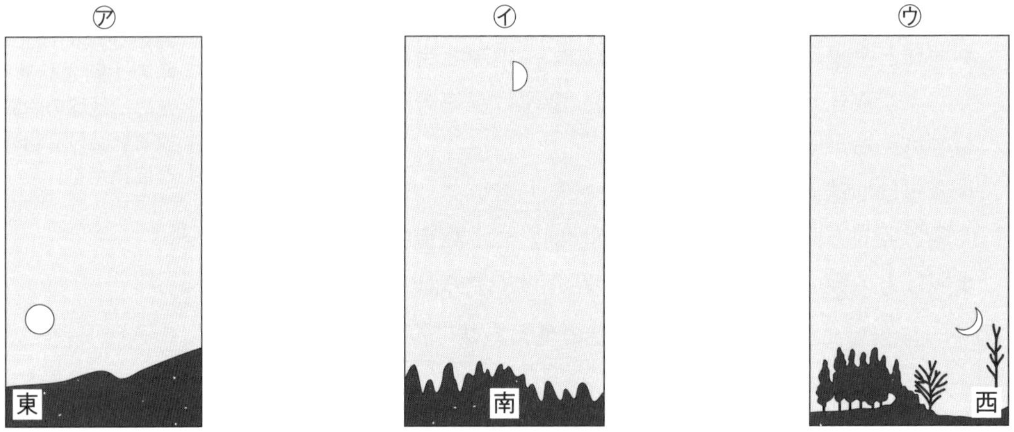

(4) 明け方の南の空に月が見えるのは，図1のどの位置に月があるときか。A～Hから選びなさい。（　　）

[作図] (5) Dのときに，見える月の形を，右の□の中にかきなさい。

(6) 日食が起こる可能性があるのは，図1のどの位置に月があるときか。A～Hから選びなさい。（　　）

(7) 月食が起こる可能性があるのは，図1のどの位置に月があるときか。A～Hから選びなさい。（　　）

[記述] (8) 日食はどのようにして起こるか。簡単に答えなさい。
（　　　　　　　　　　　　　　　　　　）

2 右の図は，太陽を中心とした金星と地球の公転の軌道を表したものである。これについて，次の問いに答えなさい。　　5点×11〔55点〕

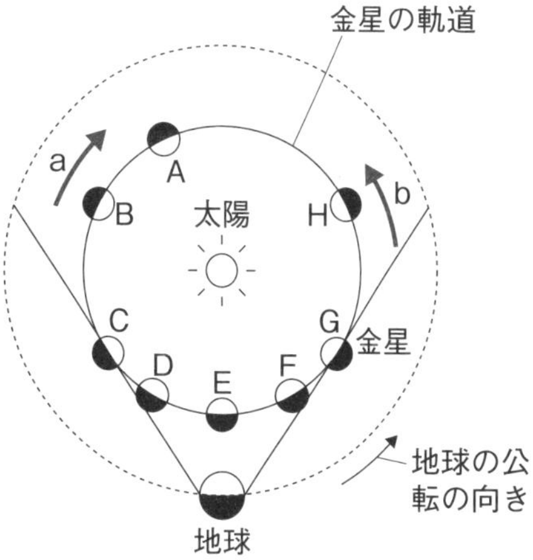

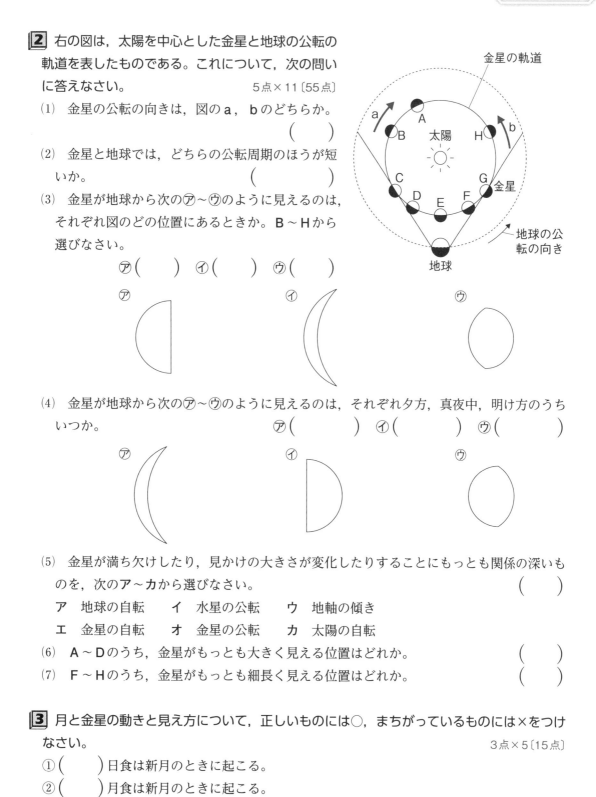

(1)　金星の公転の向きは，図のa，bのどちらか。　(　　)

(2)　金星と地球では，どちらの公転周期のほうが短いか。　(　　　　)

(3)　金星が地球から次の㋐～㋒のように見えるのは，それぞれ図のどの位置にあるときか。B～Hから選びなさい。

㋐(　　)　㋑(　　)　㋒(　　)

㋐
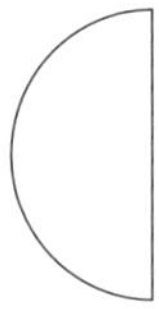
㋑
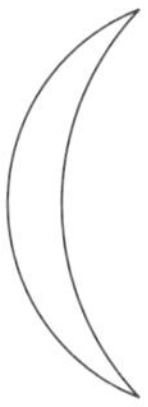
㋒
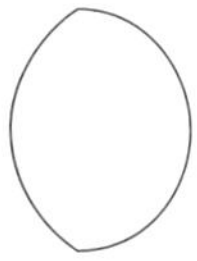

(4)　金星が地球から次の㋐～㋒のように見えるのは，それぞれ夕方，真夜中，明け方のうちいつか。　㋐(　　　　)　㋑(　　　　)　㋒(　　　　)

㋐
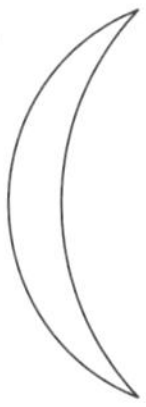
㋑
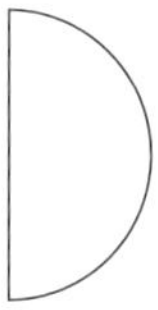
㋒
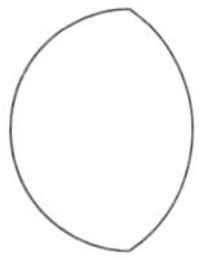

(5)　金星が満ち欠けしたり，見かけの大きさが変化したりすることにもっとも関係の深いものを，次のア～カから選びなさい。　(　　)

ア　地球の自転　　**イ**　水星の公転　　**ウ**　地軸の傾き

エ　金星の自転　　**オ**　金星の公転　　**カ**　太陽の自転

(6)　A～Dのうち，金星がもっとも大きく見える位置はどれか。　(　　)

(7)　F～Hのうち，金星がもっとも細長く見える位置はどれか。　(　　)

3 月と金星の動きと見え方について，正しいものには○，まちがっているものには×をつけなさい。　3点×5〔15点〕

①(　　)日食は新月のときに起こる。

②(　　)月食は新月のときに起こる。

③(　　)月食は，太陽，月，地球の順に一直線上に並んだときに起こる。

④(　　)夕方に金星が見られるのは，西の空である。

⑤(　　)金星は真夜中には見えない。

1章 水溶液とイオン

満点ミッション

①**電解質**
水にとけると，水溶液に電流が流れる物質。

②**非電解質**
水にとけても，水溶液に電流が流れない物質。

③**銅**
塩化銅水溶液を電気分解したときに，陰極に付着する物質。赤色をしている。

④**塩素**
塩化銅水溶液を電気分解したときに，陽極付近から発生する物質。漂白作用がある。

⑤**水素**
塩酸を電気分解したときに，陰極付近から発生する物質。火を近づけると音を立てて燃える。

ココが要点の答えになります。

テストに出る！ ココが要点 解答 p.6

① 電流が流れる水溶液

教 p.108～p.114

1 電流が流れる水溶液

(1) (①) 水にとけると水溶液に電流が流れる物質。

例 塩化水素，塩化銅，塩化ナトリウム，水酸化ナトリウム

- 右の図1のような装置で，電流を流したときに，モーターが回ったり電流計の針が振れたりした場合，電解質の水溶液である。
- 電解質の水溶液に電流が流れると，電極付近で変化が見られる。

図1

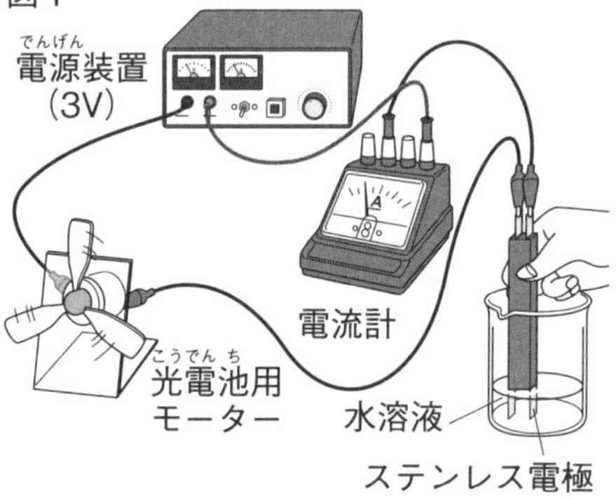

電源装置
(3V)
電流計
光電池用
モーター
水溶液
ステンレス電極

(2) (②) 水にとけても水溶液に電流が流れない物質。

例 砂糖，エタノール

2 水溶液の電気分解

(1) 塩化銅水溶液の電気分解

- 塩化銅 ⟶ 銅 ＋ 塩素
  $CuCl_2 \longrightarrow Cu + Cl_2$
- －極につないだ電極(陰極)に赤色の(③)が付着。
- ＋極につないだ電極(陽極)から(④)が発生。
- 右の図2のようにして，塩化銅水溶液に電圧を加えると，青色のしみ(銅原子が電気を帯びたもの)は陰極側に移動する。
- このときの銅原子は＋の電気を帯びているとわかる。

図2

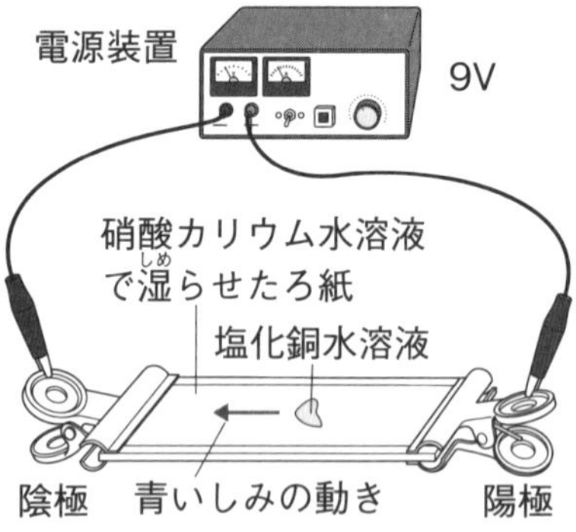

電源装置
9V
硝酸カリウム水溶液
で湿らせたろ紙
塩化銅水溶液
陰極
青いしみの動き
陽極

(2) 塩酸の電気分解

- 陰極から(⑤)が発生。
- 陽極から塩素が発生。

② 電気を帯びた粒子の正体

[教] p.115～p.123

1 原子の構造

(1) (⑥　　　　　　)
- 原子の中心にあり，+の電気をもつ。
- +の電気をもつ(⑦　　　　　)と電気をもたない(⑧　　　　　　)からできている。

(2) (⑨　　　　　)　原子核のまわりにあり，−の電気をもつ。原子がもつ陽子の数と電子の数は等しい。

(3) (⑩　　　　　　)　同じ元素で，**中性子**の数が異なる原子。多くの元素では，同位体が存在する。

図3 ●原子の構造●

(㋐　　　　　)

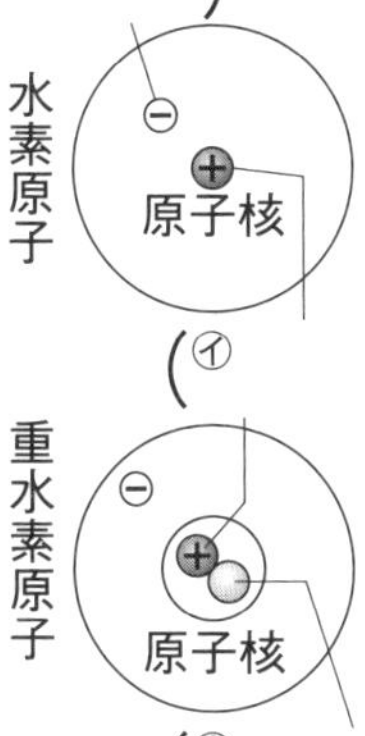

(㋑　　　　　)

(㋒　　　　　)

2 イオンのでき方

(1) (⑪　　　　　　)　原子が+または−の電気を帯びたもの。+の電気を帯びたイオンを(⑫　　　　　　)といい，−の電気を帯びたイオンを(⑬　　　　　　)という。

(2) イオンの化学式の表し方　元素記号の右肩に帯びている電気の種類と数を書く。(1は省略)

1価の陽イオン	2価の陽イオン	1価の陰イオン	2価の陰イオン
水素イオン (㋓　　　)	銅イオン (㋔　　　)	塩化物イオン (㋕　　　)	炭酸イオン CO_3^{2-}
ナトリウムイオン Na^+	マグネシウムイオン Mg^{2+}	水酸化物イオン (㋖　　　)	硫化物イオン S^{2-}
アンモニウムイオン NH_4^+	亜鉛イオン Zn^{2+}	硝酸イオン NO_3^-	硫酸イオン SO_4^{2-}

3 電解質の電離

(1) (⑭　　　　)　電解質が水にとけて，陽イオンと陰イオンに分かれること。

- 塩化水素 ⟶ 水素イオン ＋ 塩化物イオン
  $HCl \longrightarrow H^+ + Cl^-$
- 塩化ナトリウム ⟶ ナトリウムイオン ＋ 塩化物イオン
  $NaCl \longrightarrow Na^+ + Cl^-$
- 塩化銅 ⟶ 銅イオン ＋ 塩化物イオン
  $CuCl_2 \longrightarrow Cu^{2+} + 2Cl^-$

満点ミッション

⑥**原子核**
+の電気をもち，原子の中心にある粒子。

⑦**陽子**
原子核を構成する，+の電気をもつ粒子。

⑧**中性子**
原子核を構成する，電気をもたない粒子。

⑨**電子**
原子核の周囲にある−の電気をもつ粒子。

⑩**同位体**
陽子や電子の数が同じで，中性子の数が異なる原子。

⑪**イオン**
原子が電気を帯びたもの。

⑫**陽イオン**
原子が電子を失って，+の電気を帯びたもの。

⑬**陰イオン**
原子が電子を受けとって，−の電気を帯びたもの。

⑭**電離**
電解質が水にとけて陽イオンと陰イオンに分かれること。

テストに出る！

予想問題

1章　水溶液とイオン

⏱30分

/100点

1 右の図のような装置を組み立て，いろいろな液体に電流が流れるかどうかを調べた。調べた液体は，次の7つである。あとの問いに答えなさい。　　3点×6〔18点〕

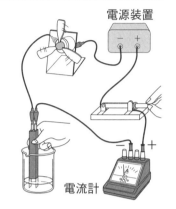

電源装置

電流計

蒸留水　　塩酸　　水酸化ナトリウム水溶液 砂糖水　　塩化ナトリウム水溶液　　塩化銅水溶液 エタノールと水の混合物

(1) 実験の方法について，次のア〜エから正しいものをすべて選びなさい。　　（　　　　　　）

ア　液体を1回調べるごとに，電極をアルコールで洗って消毒する。

イ　液体を1回調べるごとに，電極を蒸留水で洗う。

ウ　モーターが回転するかどうかを見るだけではなく，電流計の針が振れるかどうかも見る。

エ　電流計は電源装置から電流が流れているか知るためにつないでいるので，調べるときにはモーターが回転するかどうかだけに気をつける。

(2) 調べた液体の中で，電流が流れたものはどれか。4つ答えなさい。

（　　　　　　）（　　　　　　）
（　　　　　　）（　　　　　　）

(3) 電解質とは何か。次のア〜ウから選びなさい。　　（　　）

ア　電流が流れる物質

イ　電流が流れる水溶液

ウ　水にとけると水溶液に電流が流れる物質

2 右の図のような装置に電源装置をつなぎ，塩化銅水溶液に電流を流した。次の問いに答えなさい。

4点×5〔20点〕

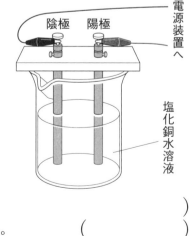

陰極　陽極

電源装置へ

塩化銅水溶液

(1) 陰極は，電源装置の＋極と−極のどちらにつないだ電極のことか。　　（　　　　　）

(2) 電流を流したとき，陰極と陽極のそれぞれで生じた物質の名称を答えなさい。　　陰極（　　　　　）

陽極（　　　　　）

(3) 電流を流したときの変化を化学反応式で表しなさい。

（　　　　　　　　　　　　　　）

(4) 電流を流すことで化合物を分解することを何というか。　　（　　　　　）

「中間・期末の攻略本」をお買い上げいただき、ありがとうございました。今後のよりよい本づくりのため、裏にありますアンケートにお答えください。アンケートにご協力くださった方の中から、抽選で（年2回）、**図書カード1000円分**をさしあげます。（当選者は、ムページ上で発表させていただきます。）なお、このアンケートで得た情報は、ご住所の都道府県名とお名前を文理ホームページ上で発表させていただきます。なお、このアンケートで得た情報は、ほかのことには使用いたしません。

《はがきで送られる方》

① 左のはがきの下のらんに、お名前など必要事項をお書きください。

② 裏にあるアンケートの回答を、右にある回答記入らんにお書きください。

③ 点線にそってはがきを切り離し、お手数ですが、左上に切手をはって、ポストに投函してください。

《インターネットで送られる方》

① 文理のホームページにアクセスしてください。アドレスは、

https://portal.bunri.jp

② 右上のメニューから「おすすめCONTENTS」の「中間・期末の攻略本」を選び、クリックすると読者アンケートのページが表示されます。回答を記入して送信してください。上のQRコードからもアクセスできます。

はがきで送られる方はここを切り取ってください。--------------------------------

おなまえ

162 0814

東京都新宿区新小川町4-1

(株)文理

「中間・期末の攻略本」

アンケート係

ご住所	〒 　　　都道府県	市区郡	電話 　　　　　　　　- 　　　-
	フリガナ		
お名前			男・女 　　学年　　年
お買上げ日	年　　月	学習塾に □通っている □通っていない	

＊ご住所は町名・番地までお書きください。

アンケート

●次のアンケートにお答えください。回答は右のらんのあてはまる□をぬってください。

[1] 今回お買い上げになった教科は何ですか。
① 国語　② 社会　③ 数学　④ 理科　⑤ 英語
⑥ 音楽　⑦ 美術　⑧ 保健体育　⑨ 技術·家庭

[2] この本をお選びになったのはどなたですか。
① 自分(中学生)　② ご両親　③ その他

[3] この本を選ばれた決め手は何ですか。(複数可)
① 教科書に合っているので。
② 内容・レベルがちょうどよいので。
③ 説明がくわしいので。
④ テスト対策に役立つので。
⑤ 以前に使用してよかったので。
⑥ 5 分間攻略ブックと赤シートがついているので。
⑦ 英語リスニング問題がついているので。
⑧ 高校受験に備えて。　⑨ その他

[4] どのような使い方をされていますか。(複数可)
① おもに授業の予習・復習に使用。
② おもに定期テスト前に使用。
③ おもに高校受験対策に使用。　④ その他

[5] 内容はいかがでしたか。
① わかりやすい。　② ややわかりにくい。
③ わかりにくい。　④ その他

[6] 問題の量はいかがでしたか。
① ちょうどよい。　② 多い。　③ 少ない。

[7] 問題のレベルはいかがでしたか。
① ちょうどよい。　② 難しい。　③ やさしい。

[8] ページ数はいかがでしたか。
① ちょうどよい。　② 多い。　③ 少ない。

[9]「解答と解説」の「解説」はいかがでしたか。
① わかりやすい。　② ふつう。
③ もっとくわしく。

[10] 付録の「5 分間攻略ブック」はいかがでしたか。
① 役に立つ。　② あまり役に立たない。
③ まだ使用していない。

[11] 付録の赤シートを本文の「ココが要点」でも使っていますか。
① 使っている。　② 使っていない。
③ 使い方がわからない。

[12] 表紙デザインはいかがでしたか。
① よい。　② ふつう。　③ あまりよくない。

[13]「中間·期末の攻略本」に増やしてほしいものは何ですか。(複数可)
① 教科書の説明やまとめ
② 練習問題
③ 予想問題
④ その他

[14] 文理の問題集で，使用したことがあるものがあれば教えてください。
① 小学教科書ワーク　② 中学教科書ワーク
③ 中間・期末の攻略本　④ その他

[15]「中間·期末の攻略本」について，ご感想やご意見·ご要望等がございましたら教えてください。

[16] この本のほかに，お使いになっている参考書や問題集がございましたら，教えてください。また，どんな点がよかったかも教えてください。

ご住所	〒 都道府県　市区郡 電話　ー　ー		
お名前	フリガナ	男・女	**学年** 年
お買上げ日	年　月	**学習塾に**	□通っている　□通っていない

＊ご住所は，町名，番地までお書きください。

アンケートの回答・記入らん

[1] □①　□②　□③　□④　□⑤
□⑥　□⑦　□⑧　□⑨

[2] □①　□②　□③(　　)

[3] □①　□②　□③　□④　□⑤　□⑥
□⑦　□⑧　□⑨(　　)

[4] □①　□②　□③　□④(　　)

[5] □①　□②　□③　□④(　　)

[6] □①　□②　□③

[7] □①　□②　□③

[8] □①　□②　□③

[9] □①　□②　□③

[10] □①　□②　□③

[11] □①　□②　□③

[12] □①　□②　□③

[13] □①　□②　□③
□④(　　)

[14] □①　□②　□③
□④(　　)

[15]

[16]

ご協力ありがとうございました。中間・期末の攻略本＊

[3] 右の図のような装置を組み立て，うすい塩酸に電流を流した。次の問いに答えなさい。 4点×3〔12点〕

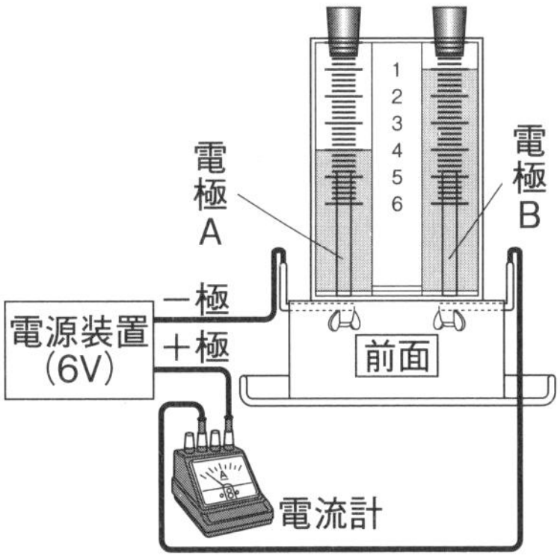

(1) 電極Aと電極Bではどのような変化が見られるか。次のア～エからそれぞれ選びなさい。

電極A（　　） 電極B（　　）

ア 赤色の物質が電極に付着する。

イ 銀白色の物質が電極に付着する。

ウ 気体が発生する。

エ 白い粉のような物質が生じる。

(2) 電極Bで生じた物質にはどのような作用があるか。 （　　）

[4] 右の図は，ヘリウム原子の構造を表したものである。これについて，次の問いに答えなさい。 4点×5〔20点〕

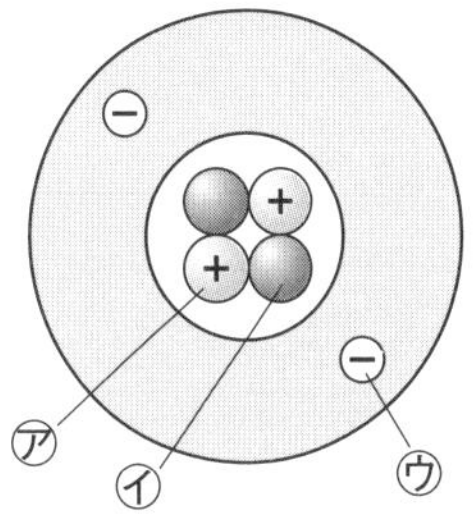

(1) 図の㋐～㋒の名称をそれぞれ答えなさい。

㋐（　　） ㋑（　　） ㋒（　　）

(2) 原子の中心部分にある，㋐と㋑からなる部分を何というか。

（　　）

(3) 同じ元素のうち，㋑の数が異なる原子をたがいに何というか。 （　　）

[5] 塩化銅を水にとかすと，水溶液中で銅イオンと塩化物イオンに分かれる。これについて，次の問いに答えなさい。 3点×10〔30点〕

(1) 電解質が水にとけて陽イオンと陰イオンに分かれることを何というか。（　　）

[記述] (2) 銅イオンや塩化物イオンは，何原子がどのようになってできるか。それぞれ簡単に答えなさい。

銅イオン（　　）

塩化物イオン（　　）

(3) 次のイオンを化学式で表しなさい。

① 水素イオン （　　）

② 水酸化物イオン （　　）

(4) 右の図は，ある物質が水にとけたときのようすを表したものである。水溶液㋐，㋑にとけている電解質は何か。 ㋐（　　）

㋑（　　）

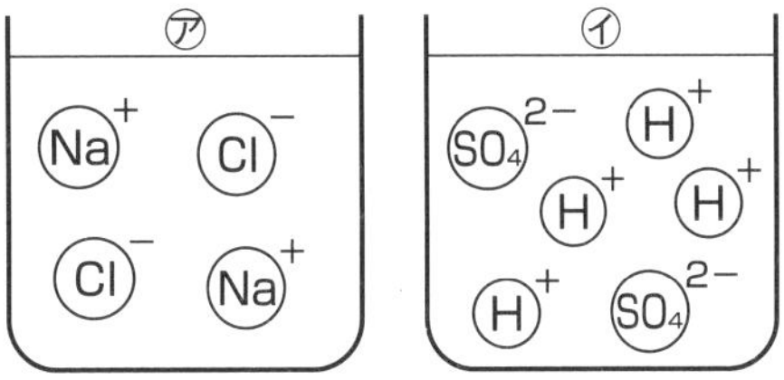

(5) 次の物質が水にとけて分かれるようすを，イオンの化学式を使って表しなさい。

① 塩化水素 （　　）

② 塩化銅 （　　）

③ 硫酸銅 （　　）

2章　電池とイオン

①銀

硝酸銀水溶液に銅を入れたときに，銅の表面に現れる物質。銀色をしている。

ポイント

e^-は電子1個を表している。

②銅イオン

硝酸銀水溶液に銅を入れたときに，水溶液中にとけ出す物質。青色をしている。

③銅

銀よりもイオンになりやすい。

④亜鉛

硫酸銅水溶液に入れると，とけて亜鉛イオンになる物質。銅よりもイオンになりやすい。

テストに出る!　ココが要点　解答 p.7

① 金属のイオンへのなりやすさ　教 p.125～p.132

1　イオンへのなりやすさ

(1)　**銀と銅**　硝酸銀水溶液に銅を入れると，銅の表面に銀色の結晶が現れ，水溶液が青色を帯びた。

- 銀色の結晶が現れたことから，水溶液中の銀イオンが，（①　　　　　　）原子に変化した。化学反応式で表すと，

$$Ag^+ + e^- \longrightarrow Ag$$

- 水溶液が青色を帯びたことから，銅が（②　　　　　　）に変化してとけ出した。化学反応式で表すと，

$$Cu \longrightarrow Cu^{2+} + 2e^-$$

- 銅と銀では，（③　　　　　　）のほうがイオンになりやすい。

(2)　**イオンへのなりやすさのちがい**　金属の種類によってイオンへのなりやすさにちがいがある。

- 銅片に硫酸亜鉛水溶液を加えても変化はなく，亜鉛片に硫酸銅水溶液を加えると，亜鉛の表面に赤色の固体(銅)が現れる。
- →銅と亜鉛では（④　　　　　　）のほうがイオンになりやすい。
- 亜鉛片に硫酸マグネシウム水溶液を加えても変化はなく，マグネシウム片に硫酸亜鉛水溶液を加えると，マグネシウムの表面に灰色の固体(亜鉛)が現れる。
- →亜鉛とマグネシウムでは<u>マグネシウム</u>のほうがイオンになりやすい。

	硫酸マグネシウム水溶液	硫酸亜鉛水溶液	硫酸銅水溶液
マグネシウム		灰色の固体が現れる。	赤色の固体が現れる。
亜鉛	変化なし。		赤色の固体が現れる。
銅	変化なし。	変化なし。	

(3)　**イオンのなりやすさの順番**　亜鉛，銀，銅，マグネシウムについて，イオンへのなりやすさの大きい順に並べると，<u>マグネシウム</u>＞<u>亜鉛</u>＞<u>銅</u>＞銀である。

ココが要点の答えになります。

② 電池のしくみ

教 p.133～p.138

1 電池

(1) 電池(化学電池) 物質がもともともっている化学エネルギーを(⑤　　　　　)に変換してとり出す装置を(⑥　　　　)という。電流が流れているとき，電池の内部で化学変化が起こっている。

2 電池のモデル

(1) (⑦　　　　　) 図1のモデルのように，亜鉛と銅，硫酸亜鉛水溶液と硫酸銅水溶液を用いた電池。

- 亜鉛板での反応…亜鉛原子が電子を失い，亜鉛イオンとしてとけ出す。電子は，導線を通って銅板へ移動する。
- 銅板での反応…硫酸銅水溶液中の銅イオンが，電子を受けとって銅原子になる。
- 電子は亜鉛板から導線へ出ていき，銅板へ移動していることから，亜鉛板が－極，銅板が＋極である。
- ダニエル電池のそれぞれの極では次の反応が起こっている。

－極(亜鉛板)　$Zn \longrightarrow Zn^{2+} + 2e^-$

＋極(銅板)　$Cu^{2+} + 2e^- \longrightarrow Cu$

図1

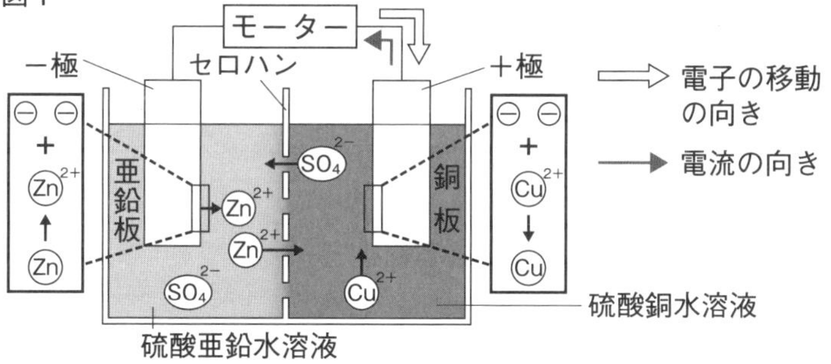

満点ミッション

⑤電気エネルギー
電池を使って物質からとり出したエネルギー。

⑥電池(化学電池)
物質がもっている化学エネルギーを電気エネルギーに変換してとり出す装置。

⑦ダニエル電池
イギリスのダニエルが発明した電池。水溶液に硫酸亜鉛水溶液と硫酸銅水溶液を用いて，亜鉛板を－極，銅板を＋極とする電池。水溶液はセロハンなどで仕切られている。

③ 日常生活と電池

教 p.139～p.141

1 電池の種類

(1) 使い切りタイプの(⑧　　　　)や，充電によりくり返し使うことのできる(⑨　　　　)がある。

2 燃料電池

(1) (⑩　　　　) 水素と酸素がもつ化学エネルギーを電気エネルギーとして直接とり出す装置。

- 水素 ＋ 酸素 ⟶ 水

$2H_2 + O_2 \longrightarrow 2H_2O$

- 水の電気分解とは逆の化学変化が起こる。

⑧一次電池
充電できない，使い切りタイプの電池。

⑨二次電池
充電することによりくり返し使える電池。

⑩燃料電池
水素と酸素を化学変化させて電気エネルギーをとり出す装置。

テストに出る!

予想問題　2章　電池とイオン

30分　/100点

1 右の図のように硝酸銀水溶液に銅線を入れると銅線のまわりに銀色の結晶ができ，水溶液の一部が青色になった。これについて，次の問いに答えなさい。

4点×5〔20点〕

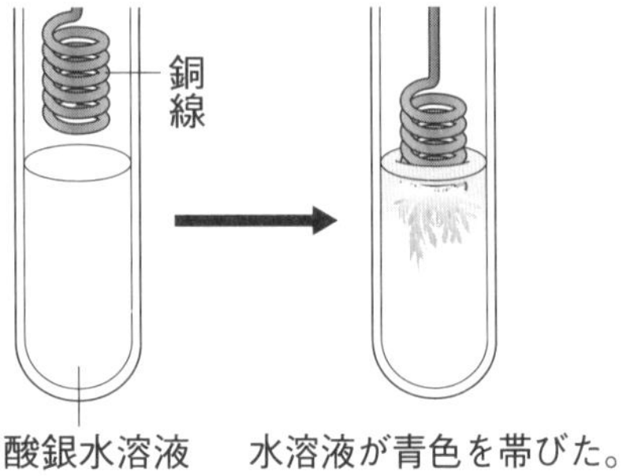

(1) 銅の表面に銀色の結晶ができたことから，硝酸銀水溶液中の銀イオンは何に変化したと考えられるか。 (　　　)

記述 (2) 無色の水溶液の一部が青色になったことから，銅についてどのような変化が起こっているか。「銅原子」と「電子」という言葉を使って答えなさい。

(　　　)

(3) この実験では，どのような化学変化が起こっているか。金属原子とイオンの化学式を使って化学反応式で表しなさい。 (　　　)

(4) 硝酸銅水溶液に銀線を入れると反応は起こるか。 (　　　)

(5) 銅と銀では，どちらのほうがイオンになりやすいか。 (　　　)

2 硫酸マグネシウム水溶液，硫酸亜鉛水溶液，硫酸銅水溶液をマグネシウム片，亜鉛片，銅片に加え，金属のイオンへのなりやすさを調べた。下の表はその結果を表している。あとの問いに答えなさい。

6点×4〔24点〕

	硫酸マグネシウム水溶液	硫酸亜鉛水溶液	硫酸銅水溶液
マグネシウム		㋐灰色の固体が現れた。	㋑赤色の固体が現れた。
亜鉛	㋒変化なし。		㋓赤色の固体が現れた。
銅	㋔変化なし。	㋕変化なし。	

(1) ㋐で現れた灰色の固体は何か。 (　　　)

(2) ㋑では，どのような反応が起こったか。次のア～ウから選びなさい。 (　　　)

ア　マグネシウム原子が電子を失い，銅イオンが電子を受けとった。

イ　銅原子が電子を失い，マグネシウムイオンが電子を受とった。

ウ　マグネシウム原子は変化せず，銅イオンが電子を受けとる反応だけが起こった。

(3) 金属片が陽イオンとなってとけ，水溶液中の陽イオンが金属原子になる化学変化が起こったものを㋐～㋕からすべて選びなさい。 (　　　)

(4) マグネシウム，亜鉛，銅を，イオンになりやすい順に左から並べなさい。

(　　　→　　　→　　　)

3 右の図のように，ダニエル電池をつくり，モーターにつなぐとモーターが回った。これについて，次の問いに答えなさい。　4点×7〔28点〕

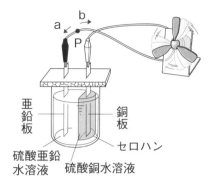

(1) モーターをつないだままにすると，亜鉛板と銅板の表面は，どのように変化するか。それぞれ次の**ア**，**イ**から選びなさい。

亜鉛板（　　）　銅板（　　　）

ア　ぼろぼろになる。

イ　金属が付着する。

(2) 亜鉛板，銅板ではどのような化学変化が起こっているか。電子1個をe^-として，化学反応式で表しなさい。

亜鉛板（　　　　　　　　　　　　　　）

銅板　（　　　　　　　　　　　　　　）

(3) ダニエル電池のように化学変化を利用して電気エネルギーをとり出す装置を，いっぱんに何というか。（　　　　　　　）

(4) 点Pでの電流の向きは，矢印**a**，**b**のどちらか。（　　　　）

(5) (4)より，＋極は，亜鉛板と銅板のどちらか。（　　　　　）

4 右の図のような装置をつくり，電子オルゴールをつなぐと，音が鳴った。次の問いに答えなさい。

4点×7〔28点〕

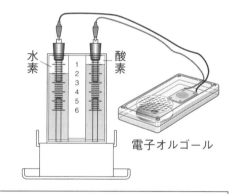

電子オルゴール

(1) この装置で起こっていることについて，次の（　）にあてはまる言葉を答えなさい。

①（　　　　　　）　②（　　　　　　）

③（　　　　　　）　④（　　　　　　）

⑤（　　　　　　）

> この装置では，水の電気分解とは逆の化学変化が起こり，水素と酸素がもつ（　①　）エネルギーを（　②　）エネルギーとして直接とり出している。このような電池を（　③　）電池という。燃料となる（　④　）を供給し続ければ継続して使用でき，（　⑤　）だけが生じるので環境への悪影響が少ないという利点がある。

(2) この装置ではどのような化学変化が起こっているか。化学反応式で表しなさい。

（　　　　　　　　　　　　　　　　　　）

(3) 電池について，次の**ア**〜**ウ**から正しい文を選びなさい。（　　　　）

ア　充電とは，外部から電池に強制的に電流を流し，電気エネルギーを化学エネルギーに変換することである。

イ　二次電池は，充電してもくり返し使うことはできない。

ウ　放電とは，電池内部で電気エネルギーを化学エネルギーに変換することである。

3章　酸・アルカリと塩

テストに出る！ **ココが要点**　解答 p.8

① 酸・アルカリとイオン　教 p.143〜p.153

1 酸性の水溶液とアルカリ性の水溶液の性質

(1) 酸性やアルカリ性の水溶液の性質

	酸性の水溶液	アルカリ性の水溶液
青色リトマス紙	赤色に変える。	変化しない。
赤色リトマス紙	変化しない。	青色に変える。
緑色のBTB溶液	（㋐　　）色に変える。	（㋑　　）色に変える。
pH試験紙	オレンジ色〜赤色になる。	青緑色〜（㋒　　）色になる。
その他	マグネシウムなどの金属を入れると（㋓　　　）が発生する。	フェノールフタレイン溶液を（㋔　　　）色に変える。

ポイント
中性の水溶液は，赤色リトマス紙の色も青色リトマス紙の色も変えない。

2 酸の水溶液

(1)（①　　　　）水溶液中で電離して，<u>水素イオン(H^+)</u>を生じる物質。

- 塩化水素 ⟶ 水素イオン ＋ 塩化物イオン
  $$HCl \longrightarrow H^+ + Cl^-$$
- 硫酸 ⟶ 水素イオン ＋ 硫酸イオン
  $$H_2SO_4 \longrightarrow 2H^+ + SO_4{}^{2-}$$
- 硝酸 ⟶ 水素イオン ＋ 硝酸イオン
  $$HNO_3 \longrightarrow H^+ + NO_3{}^-$$

①**酸**
水溶液中で電離して，水素イオンを生じる物質。水溶液は酸性を示す。

3 アルカリの水溶液

(1)（②　　　　）水溶液中で電離して，<u>水酸化物イオン(OH^-)</u>を生じる物質。

- 水酸化ナトリウム ⟶ ナトリウムイオン ＋ 水酸化物イオン
  $$NaOH \longrightarrow Na^+ + OH^-$$
- 水酸化カリウム ⟶ カリウムイオン ＋ 水酸化物イオン
  $$KOH \longrightarrow K^+ + OH^-$$
- 水酸化バリウム ⟶ バリウムイオン ＋ 水酸化物イオン
  $$Ba(OH)_2 \longrightarrow Ba^{2+} + 2OH^-$$

②**アルカリ**
水溶液中で電離して，水酸化物イオンを生じる物質。水溶液はアルカリ性を示す。

4 酸性・アルカリ性の強さ

(1) (③) 水溶液の酸性，アルカリ性の強さを表す値(あたい)。

- pH(ピーエイチ)の値が7のとき，水溶液は**中性**。
- pHの値が7より小さいほど**酸性**が強く，7より大きいほど**アルカリ性**が強い。

(2) 酸の水溶液とマグネシウムなどの金属との反応 (④) が発生する。

- うすい塩酸はマグネシウムなどの金属と激(はげ)しく反応するが，うすい酢酸はマグネシウムなどの金属とおだやかに反応する。これは，塩酸と酢酸の酸性の強さのちがいによる。

2 中和と塩

[教] p.154～p.163

1 中和(ちゅうわ)と塩(えん)

(1) (⑤) **酸**と**アルカリ**の水溶液を混ぜたときに起こる，たがいの性質を打ち消し合う反応。発熱反応である。

- 酸の**水素イオン**とアルカリの**水酸化物イオン**から (⑥) が生じる。

[水素イオン] ＋ [水酸化物イオン] ⟶ [水]

H^+ ＋ OH^- ⟶ H_2O

- アルカリの**陽イオン**と酸の**陰イオン**が結びついて (⑦) ができる。

[ナトリウムイオン] ＋ [塩化物イオン] ⟶ [塩化ナトリウム]

Na^+ ＋ Cl^- ⟶ $NaCl$

[バリウムイオン] ＋ [硫酸イオン] ⟶ [硫酸バリウム]

Ba^{2+} ＋ SO_4^{2-} ⟶ $BaSO_4$

- [酸] ＋ [アルカリ] ⟶ [塩] ＋ [水]

(2) 塩酸と水酸化ナトリウム水溶液の中和

[塩酸] ＋ [水酸化ナトリウム] ⟶ [塩化ナトリウム] ＋ [水]

HCl ＋ $NaOH$ ⟶ $NaCl$ ＋ H_2O

図1

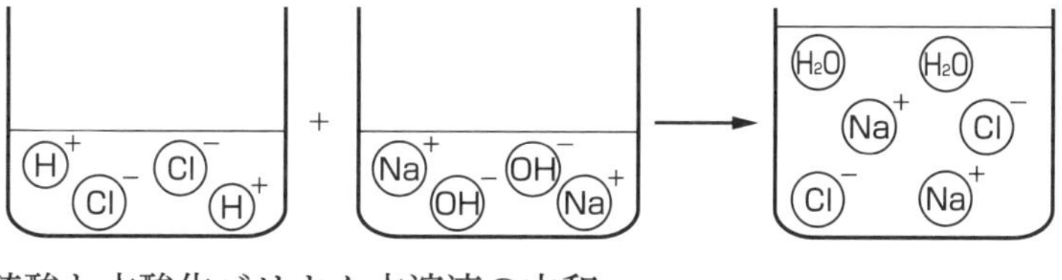

(3) 硫酸と水酸化バリウム水溶液の中和

[硫酸] ＋ [水酸化バリウム] ⟶ [硫酸バリウム] ＋ [水]

H_2SO_4 ＋ $Ba(OH)_2$ ⟶ $BaSO_4$ (白い沈殿(ちんでん)) ＋ $2H_2O$

満点ミッション

③**pH**
水溶液の酸性，アルカリ性の強さを表す数値。値が7のとき，水溶液は中性。

④**水素**
酸の水溶液と金属が反応すると発生する気体。火を近づけると音を立てて燃える。

⑤**中和**
水素イオンと水酸化物イオンが結びつき，水が生じる反応。酸とアルカリがたがいの性質を打ち消し合う。

⑥**水**
酸の水素イオンとアルカリの水酸化物イオンが結びついてできる物質。

⑦**塩**
アルカリの陽イオンと酸の陰イオンが結びついてできる物質。

ポイント

塩には，水にとけやすいものととけにくいものがある。硫酸バリウムは水にとけにくい。

テストに出る!

予想問題

3章　酸・アルカリと塩－①

⏱30分

/100点

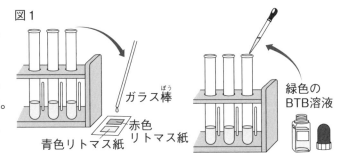

図1

ガラス棒

青色リトマス紙

赤色リトマス紙

緑色のBTB溶液

1 次の6種類の水溶液について，右の図1のようにリトマス紙やBTB溶液の変化を調べたり，図2のようにマグネシウムリボンを入れて発生する気体を調べたりした。これについて，あとの問いに答えなさい。　4点×11〔44点〕

> A　塩酸　　　B　水酸化ナトリウム水溶液　　　C　アンモニア水　　　D　硫酸
> E　水酸化バリウム水溶液　　　F　酢酸

(1)　青色リトマス紙を赤色に変えた水溶液はどれか。A〜Fからすべて選びなさい。

（　　　　　　　　　）

(2)　(1)で選んだ水溶液は，酸性，中性，アルカリ性のどれか。（　　　　　　　　　）

(3)　(1)で選んだ水溶液は，緑色のBTB溶液を何色に変えるか。（　　　　　　　　　）

(4)　(1)で選んだ水溶液に共通してふくまれているイオンは何か。名称を答えなさい。

（　　　　　　　　　）

(5)　赤色リトマス紙を青色に変えた水溶液はどれか。A〜Fからすべて選びなさい。

（　　　　　　　　　）

(6)　(5)で選んだ水溶液は，酸性，中性，アルカリ性のどれか。（　　　　　　　　　）

(7)　(5)で選んだ水溶液は，緑色のBTB溶液を何色に変えるか。（　　　　　　　　　）

(8)　(5)で選んだ水溶液に共通してふくまれているイオンは何か。名称を答えなさい。

（　　　　　　　　　）

(9)　6種類の水溶液に，図2のようにマグネシウムリボンを入れて，変化を調べた。気体が発生した水溶液をA〜Fからすべて選びなさい。

（　　　　　　　　　）

図2

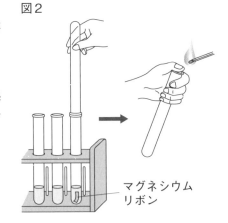

マグネシウムリボン

(10)　(9)で発生した気体を図2のようにして試験管に集め，マッチの火を近づけた。このときの変化を，ア〜ウから選びなさい。　　　　　（　　　）

　ア　マッチが激しく燃えた。
　イ　気体が音を立てて燃えた。
　ウ　変化がなかった。

(11)　(9)で発生した気体は何か。

（　　　　　　　　　）

2 右の図1のように，スライドガラスの上に硝酸カリウム水溶液で湿らせたろ紙とpH試験紙をのせ，両端のクリップを電源装置につないで電圧を加えた。次に塩酸をしみこませたろ紙を置いた。次の問いに答えなさい。ただし，硝酸カリウム水溶液は中性で，電流が流れやすくするために用いた。また，pH試験紙は，酸性で赤色，中性で緑色，アルカリ性で青色になるものとする。 4点×8〔32点〕

(1) 図1で，塩酸をしみこませたろ紙を置いたところ，pH試験紙の一部に色の変化が見られた。pH試験紙は何色に変化したか。次のア〜ウから選びなさい。 （　　　）

図1
硝酸カリウム水溶液で湿らせたろ紙
硝酸カリウム水溶液で湿らせたpH試験紙
陰極　　　陽極
スライドガラス　　塩酸をしみこませたろ紙

ア　赤色　　イ　緑色
ウ　青色

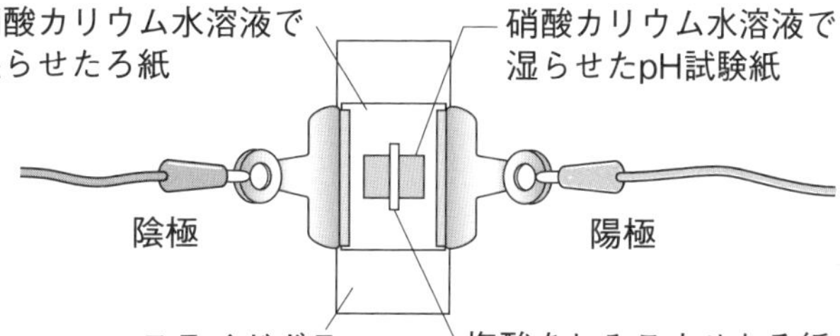

(2) (1)で，色が変化したのは，ろ紙の陰極側か，陽極側か。 （　　　　　）

(3) (1)で，ろ紙から移動してpH試験紙の色を変化させたものは，＋と−のどちらの電気を帯びているか。 （　　　　　）

(4) (1)で，pH試験紙の色を変化させたものをイオンの化学式で表しなさい。（　　　　　）

(5) 図2は，塩酸のかわりに水酸化ナトリウム水溶液をしみこませたろ紙を置いて，図1と同じ実験を行ったようすである。pH試験紙は何色に変化したか。(1)のア〜ウから選びなさい。 （　　　）

図2
硝酸カリウム水溶液で湿らせたろ紙 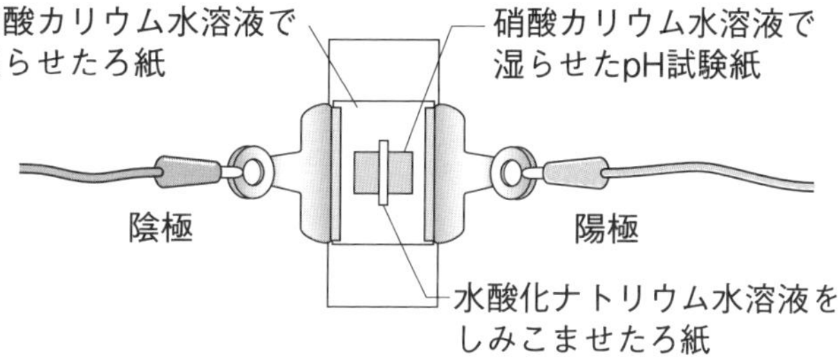
硝酸カリウム水溶液で湿らせたpH試験紙
陰極　　　陽極
水酸化ナトリウム水溶液をしみこませたろ紙

(6) (5)で，色が変化したのは，ろ紙の陰極側か，陽極側か。 （　　　　　）

(7) (5)で，ろ紙から移動してpH試験紙の色を変化させたものは，＋と−のどちらの電気を帯びているか。 （　　　　　）

(8) (5)で，pH試験紙の色を変化させたものをイオンの化学式で表しなさい。（　　　　　）

3 次の①〜⑥の物質が電離するようすを，化学反応式で表しなさい。 4点×6〔24点〕

① 塩化水素　　　　　（　　　　　　　　　　　）
② 水酸化カリウム　　（　　　　　　　　　　　）
③ 硫酸　　　　　　　（　　　　　　　　　　　）
④ 硝酸　　　　　　　（　　　　　　　　　　　）
⑤ 水酸化バリウム　　（　　　　　　　　　　　）
⑥ 水酸化ナトリウム　（　　　　　　　　　　　）

テストに出る！

予想問題

3章　酸・アルカリと塩－②

⏱30分

/100点

1 次の化学変化を化学反応式で表しなさい。ただし，化学変化が起こらない場合は×を書きなさい。　　　　　　　　　　　　　5点×3〔15点〕

(1) うすい硫酸にうすい水酸化バリウム水溶液を加える。
（　　　　　　　　　　　　　　　　）

(2) うすい水酸化バリウム水溶液にマグネシウムリボンを入れる。
（　　　　　　　　　　　　　　　　）

(3) うすい塩酸にうすい水酸化ナトリウム水溶液を加える。
（　　　　　　　　　　　　　　　　）

2 右の図のように，Aの試験管にうすい水酸化バリウム水溶液を10cm³とり，BTB溶液を数滴加えておいた。次に，Aの試験管にうすい硫酸を少しずつ加えていき，それぞれを㋐，㋑，㋒とした。このとき，㋑は緑色を示した。次の問いに答えなさい。　5点×9〔45点〕

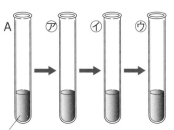

水酸化バリウム水溶液(10cm³)

(1) ㋐，㋒の液はそれぞれ何色を示すか。
㋐（　　　　）　㋒（　　　　）

(2) ㋑の液は何性か。
（　　　　　　　）

(3) うすい硫酸を加えると，白い沈殿が生じた。この沈殿は何という物質か。物質名を答えなさい。　　　　　　　　　　　　　（　　　　　　　　）

(4) (3)の物質について，次のア〜エから正しいものを選びなさい。　（　　　　）

　ア　水にとけやすい塩である。

　イ　水にとけやすいが，塩ではない。

　ウ　水にとけにくいので，塩ではない。

　エ　水にとけにくい塩である。

📝記述 (5) 塩とは，何と何が結びついてできる物質のことをいうか。
（　　　　　　　　　　　　　　　　）

(6) この実験で起こった反応について，次の（　）にあてはまる言葉を答えなさい。
①（　　　　　　　）
②（　　　　　　　）
③（　　　　　　　）

> 　硫酸にふくまれる（ ① ）と水酸化バリウム水溶液にふくまれる（ ② ）が結びついて
> （ ③ ）が生じ，酸とアルカリがたがいの性質を打ち消し合う。この反応を中和という。

3 下の図は，水酸化ナトリウム水溶液に塩酸を少しずつ加えたときのイオンのようすを表したモデルである。あとの問いに答えなさい。 4点×10〔40点〕

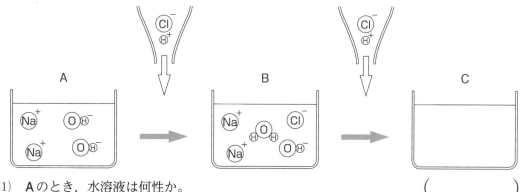

(1) Aのとき，水溶液は何性か。 （　　　　　　　）

(2) Aの水溶液に塩酸（H^+，Cl^-を1個ずつ）を加えてBの水溶液ができたとき，中和は起こっているか。次の**ア**～**エ**から選びなさい。 （　　　）

ア OH^-が残っているので，中和は起こっていない。

イ H^+がないので，中和は起こっていない。

ウ H_2Oが新たにできているので，中和は起こっている。

エ Na^+とCl^-ができているので，中和は起こっている。

(3) Bの水溶液は何性か。 （　　　　　　　）

(4) Bの水溶液にさらに塩酸（H^+，Cl^-を1個ずつ）を加えた。Cの水溶液中のイオンやできた水分子はどのようになるか。次の㋐～㋓から選びなさい。 （　　　）

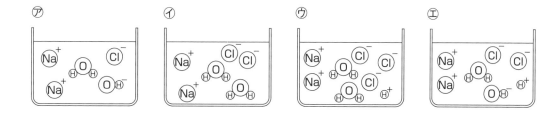

(5) Cの水溶液は何性か。 （　　　　　　　）

(6) Cの水溶液にさらに塩酸（H^+，Cl^-を1個ずつ）を加えた。水溶液中のイオンやできた水分子はどのようになるか。(4)の㋐～㋓から選びなさい。 （　　　）

(7) (6)でできた水溶液は何性か。 （　　　　　　　）

(8) この中和によって塩が生じる化学変化を，イオンの化学式を使って表しなさい。
（　　　　　　　　　　　　　　　）

(9) この中和によって生じた塩の名称を答えなさい。
（　　　　　　　　　　　　　　　）

(10) 水溶液中で数が変化していないイオンは何か。名称を答えなさい。
（　　　　　　　　　　　　　　　）

1章 力の合成と分解

満点ミッション

①水圧
水の重さによる圧力。

ポイント
水圧は物体の各面に対して垂直(すいちょく)にはたらく。

②浮力
水中にある物体にはたらく上向きの力。

ポイント
重力と浮力がつり合っていると，物体は，水面に浮いて止まる。

テストに出る！ ココが要点 解答 p.10

① 水中の物体にはたらく力 [教] p.178～p.181

1 水圧(すいあつ)

(1) (①) 水の重さによって生じる圧力。

- 水圧は，水面から深いほど大きくなる。
- 水圧は，あらゆる向きからはたらく。

図1 ●水の深さとゴム膜(まく)のへこみ方●

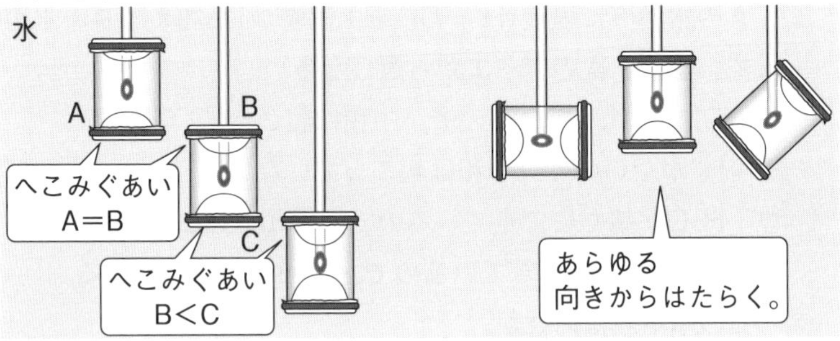
水
A
B
C
へこみぐあい
A＝B
へこみぐあい
B＜C
あらゆる
向きからはたらく。

2 浮力(ふりょく)

(1) (②) 水中の物体にはたらく上向きの力。

(2) 浮力の大きさ 物体が空気中にあるときと物体が水中にあるときのばねばかりの示す値の差。

図2

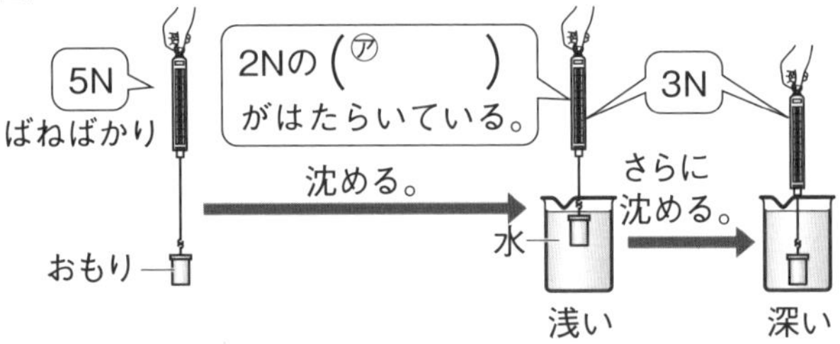
5N
ばねばかり
2Nの(㋐)
がはたらいている。
3N
沈める。
さらに
沈める。
水
おもり
浅い
深い

(3) 浮力と物体の浮き沈み

- 物体にはたらく重力＞浮力のとき，物体は**沈んでいく**。
- 物体にはたらく重力＜浮力のとき，物体は**浮かんでいく**。水面では水中よりも浮力が小さくなり，浮力が重力とつり合うので，物体は水面に浮いて止まる。

図3

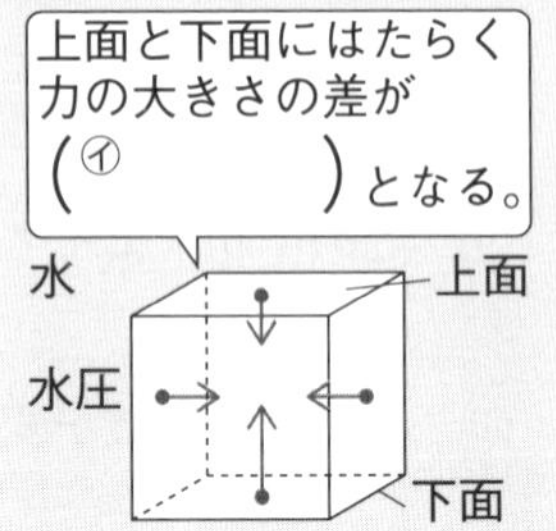
上面と下面にはたらく
力の大きさの差が
(㋑)となる。
水
上面
水圧
下面

ココが要点の答えになります。

② 力の合成

[教] p.182～p.187

1 力の合成

(1)　2力の合成　2つの力と同じはたらきをする1つの力を求めることを（③　　　　　　）といい，求めた力を（④　　　　　　）という。

(2)　一直線上の力の合成

図4 ●同じ向きの2力●

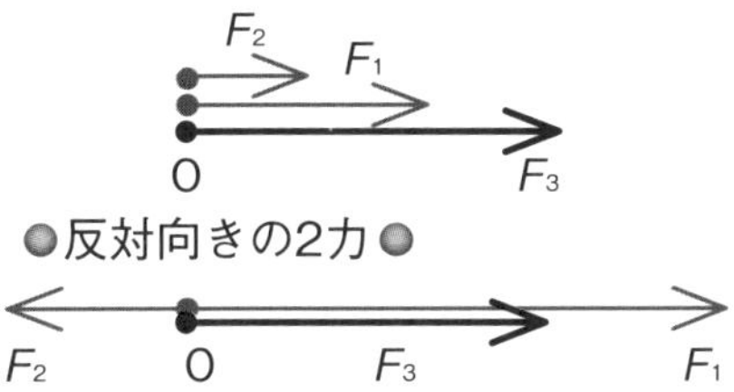

- 同じ向きにはたらく力F_1とF_2の合力F_3の大きさは，F_1とF_2の和であり，合力の向きは2力と同じ向きである。
- 反対向きにはたらく力F_1とF_2の合力F_3の大きさはF_1とF_2の差であり，合力の向きは大きいほう（図4ではF_1）の力の向きと同じである。2力がつり合っているとき，合力は0である。

(3)　角度をもってはたらく2力

F_1とF_2の合力F_3は，2力の矢印を2辺とする平行四辺形の<u>対角線</u>で表される。これを（⑤　　　　　　　）という。

図5

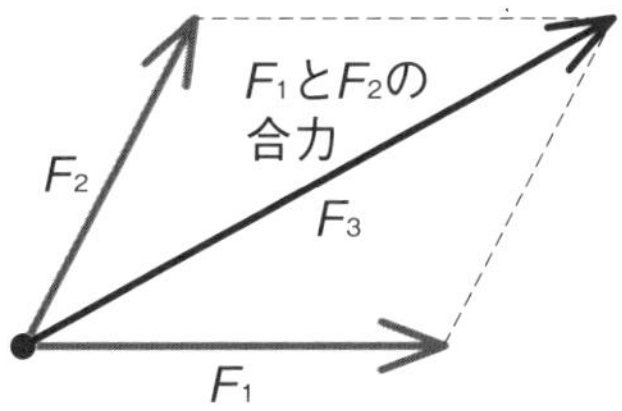

(4)　3力のつり合い　3力がはたらいている場合，となり合う2力の合力と残りの力がつり合うとき，3力はつり合う。

③ 力の分解

[教] p.188～p.189

1 力の分解

(1)　力の分解

- 1つの力Fを，同じはたらきをする2つの力F_1とF_2に分けることを（⑥　　　　　）といい，分解した力を（⑦　　　　）という。

図6

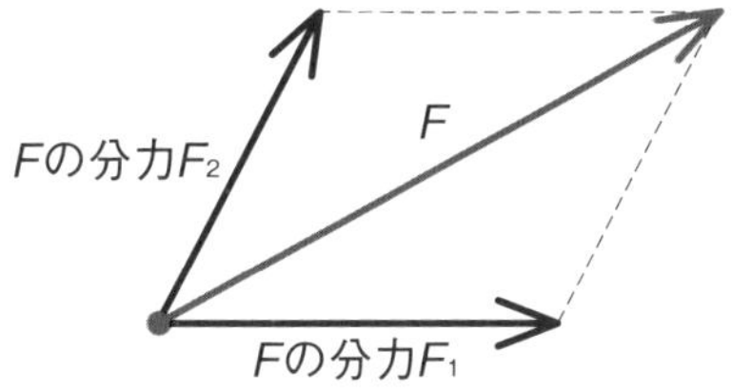

- 分力は，分解しようとするもとの力を対角線とする平行四辺形のとなり合う<u>2辺</u>で表される。

満点ミッション

③<u>力の合成</u>
2力と同じはたらきをする1つの力を求めること。

④<u>合力</u>
2つの力を合成して求めた1つの力。

⑤<u>力の平行四辺形の法則</u>
角度をもってはたらく2力の合力は，2力の矢印を2辺とする平行四辺形の対角線で表されること。

⑥<u>力の分解</u>
1つの力を，同じはたらきをする2つの力に分けること。

⑦<u>分力</u>
1つの力を分解して求めた2つの力。

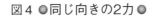

テストに出る！
予想問題　1章　力の合成と分解

30分　/100点

1 下の図のように，ゴム膜をはった筒(つつ)を，空気が出入りできるパイプにつなぎ，水中に沈めた。これについて，あとの問いに答えなさい。　6点×4〔24点〕

図1
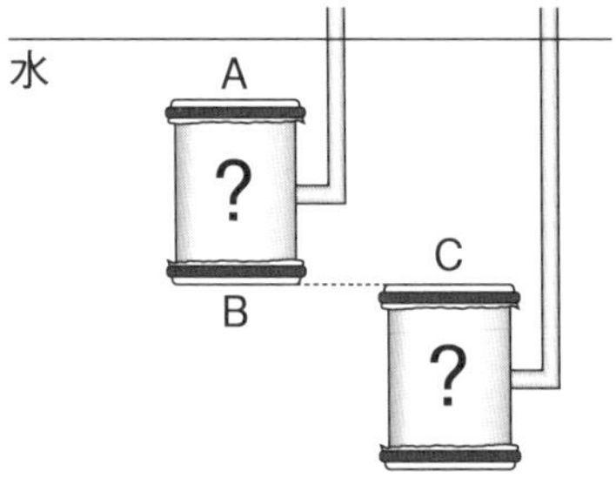

図2
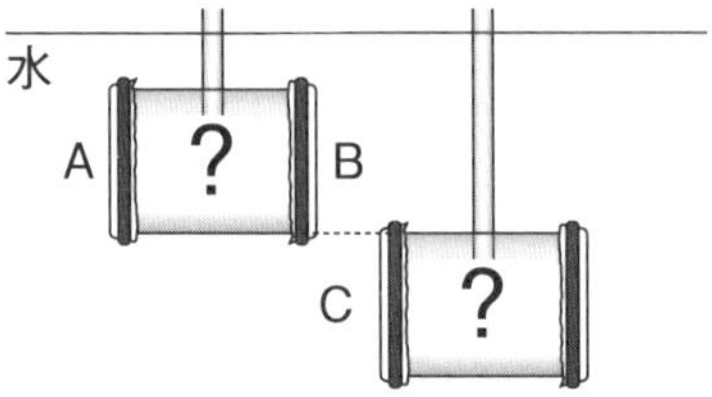

(1) ゴム膜を押(お)している水の圧力を何というか。　(　　　　)

(2) 図1のA～Cで，膜のへこみぐあいがもっとも小さいのはどれか。　(　　)

(3) 図2のA～Cで，膜のへこみぐあいがもっとも大きいのはどれか。　(　　)

(4) (1)の圧力について，次のア～エから正しいものをすべて選びなさい。　(　　　　)

ア　水の重さによる圧力である。　イ　下向きにだけはたらく。

ウ　あらゆる向きからはたらく。　エ　水面から浅くなるほど大きくなる。

2 右の図のようにおもりを水中に沈めて，ばねばかりの示す値を調べた。これについて，次の問いに答えなさい。　4点×5〔20点〕

(1) 図2のばねばかりの示す値は，図1より小さかった。これは水中では物体に何という力がはたらくからか。　(　　　　)

(2) 図2の㋐，㋑で，物体にはたらく(1)の大きさはそれぞれ何Nか。

㋐(　　　　)

㋑(　　　　)

(3) (1)の大きさについて，正しいのは次のア，イのどちらか。　(　　)

図1
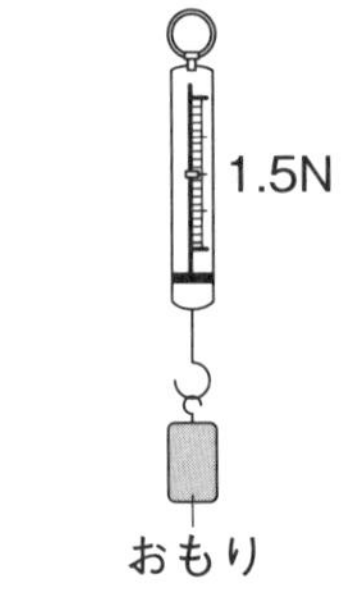

図2
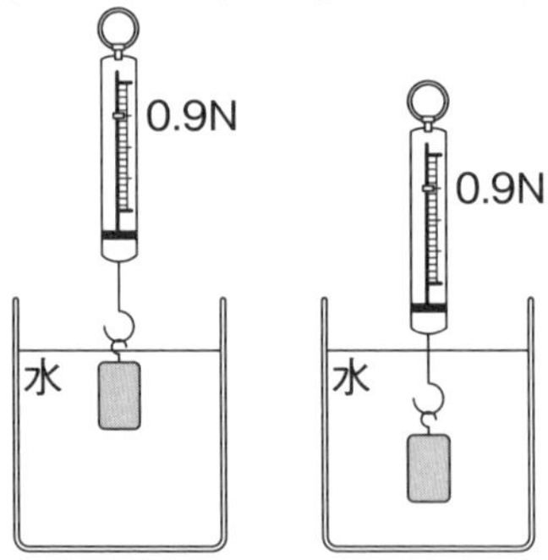

ア　物体が沈んでいる水面からの深さが深いほど，大きくなる。

イ　物体が沈んでいる水面からの深さには関係ない。

[記述] (4) 水中の物体にはたらく重力の大きさと(1)の大きさの関係がどのようなとき，物体は浮き上がるか。

(　　　　　　　　　　　　　　　　)

3 下の図1～3は，1つの点Oにはたらく2つの力F_1，F_2を矢印で表したものである。あとの問いに答えなさい。 5点×6〔30点〕

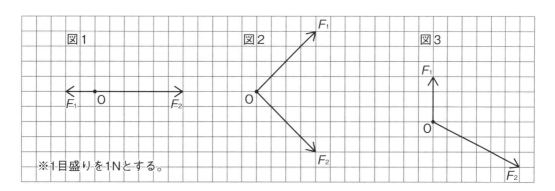

※1目盛りを1Nとする。

作図 (1) 2つの力F_1，F_2の合力を，図1～3にそれぞれ矢印で表しなさい。

(2) (1)で表したそれぞれの合力の大きさを，方眼から読みとりなさい。

図1（　　　　　） 図2（　　　　　） 図3（　　　　　　　）

4 右の図は，1つの点Oにはたらく2つの力F_1，F_2を矢印で表したものである。次の問いに答えなさい。 6点×2〔12点〕

(1) 角度をもってはたらく2力の合力は，その2力を2辺とする何として表すことができるか。

（　　　　　　　　　）

作図 (2) 力F_1，F_2の合力とつり合う1つの力を図に矢印で表しなさい。

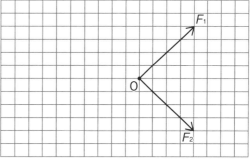

作図 **5** 下の図1，2に矢印で表した力を，直線で示したX方向とY方向に分解し，それぞれの分力を矢印で表しなさい。 7点×2〔14点〕

図1

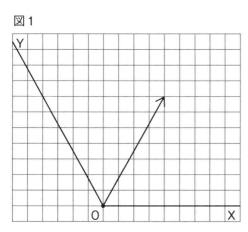

図2

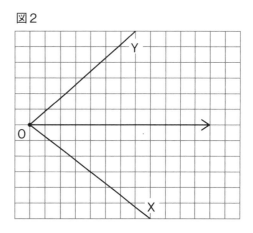

2章　物体の運動

① 運動の表し方　教 p.191〜p.194

1 運動の表し方

(1) 運動のようすの表し方　運動は，**速さと運動の向き**で表すことができる。

(2) 速さの表し方

● (① 　　　　　) …一定時間に移動する距離。

$$速さ[m/s] = \frac{移動距離[m]}{移動にかかった時間[s]}$$

● 速さの単位には，**メートル毎秒**(m/s)，
(② 　　　　　)(km/h)などを使う。

● (③ 　　　　　) …物体がある時間の間，同じ速さで動き続けたと考えたときの速さ。

● (④ 　　　　　) …時々刻々と変化する速さ。

2 運動を調べる装置

(1) (⑤ 　　　　　)　物体にテープをとりつけて運動させ，そのテープに一定の時間間隔で点を打つことによって，運動を調べる装置。

● 0.1秒ごとに記録テープを切りとったとき，記録テープが長いほど，物体の運動する平均の速さが**大きい**。

(2) **ストロボ写真**　物体の位置を一定時間ごとに撮影した写真。物体の運動のようすを調べることができる。

② 力と物体の運動　教 p.195〜p.205

1 水平面上での物体の運動

(1) 物体に一定の力がはたらき続けるときの運動

● 台車の運動の向きに一定の力がはたらき続けると，台車の速さは一定の割合で大きくなる。

● 運動の向きにはたらく力が大きいほど，速さの変化の割合は**大きく**なる。

図1

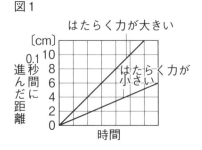

はたらく力が大きい

はたらく力が小さい

〔cm〕
0.1秒間に進んだ距離
10
8
6
4
2
0

時間

満点★ミッション

①**速さ**
物体が一定時間に進む距離。単位はメートル毎秒[m/s]，キロメートル毎時[km/h]など。

②**キロメートル毎時**
速さの単位。1時間あたりに何km移動するかを表す。

③**平均の速さ**
物体がある時間，一定の速さで運動したと仮定して求めた速さ。

④**瞬間の速さ**
平均の速さに対して，ごく短い時間について求めた速さ。ふつう，時々刻々と変化する。

⑤**記録タイマー**
一定の時間間隔で点を打ち，物体の運動を調べる装置。

(2) 物体に力がはたらかないときの運動

● (⑥　　　　　　　　)

…一定の速さで一直線上を動く運動のこと。

移動距離〔m〕＝速さ〔m/s〕×時間〔s〕

● (⑦　　　　　　　　)

…物体に力がはたらいていないとき，または力がつり合っているときに，物体が**静止し続け**たり，**等速直線運動を続け**たりするという法則。物体がもっているこのような性質を(⑧　　　　　　)という。

図2 ●等速直線運動●

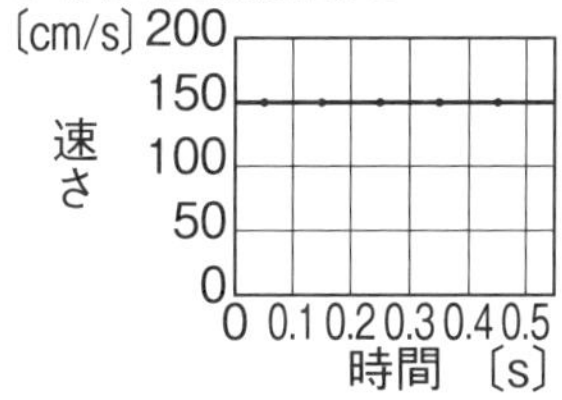
〔cm/s〕
速さ
200
150
100
50
0
0 0.1 0.2 0.3 0.4 0.5
時間〔s〕

2 斜面上での物体の運動

(1) 斜面上での物体の運動

斜面に置かれた物体にはたらく重力は，**斜面に垂直**な分力と**斜面に平行**な分力に分解して考える。

図3

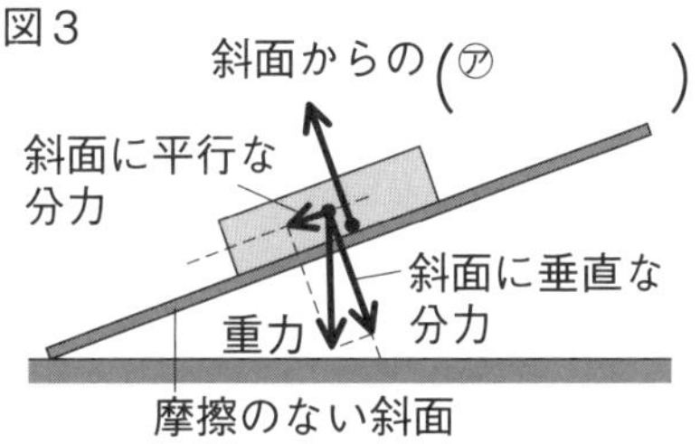
斜面からの(㋐　　　　)
斜面に平行な分力
斜面に垂直な分力
重力
摩擦のない斜面

●斜面に垂直な分力は斜面からの**垂直抗力**とつり合っている。

●斜面に平行な分力が物体の運動に関係する。

●斜面の傾きを大きくすると，物体にはたらく斜面に平行な分力は大きくなり，物体の速さのふえ方が大きくなる。

図4 ●斜面の傾きが小さいとき●　●斜面の傾きが大きいとき●

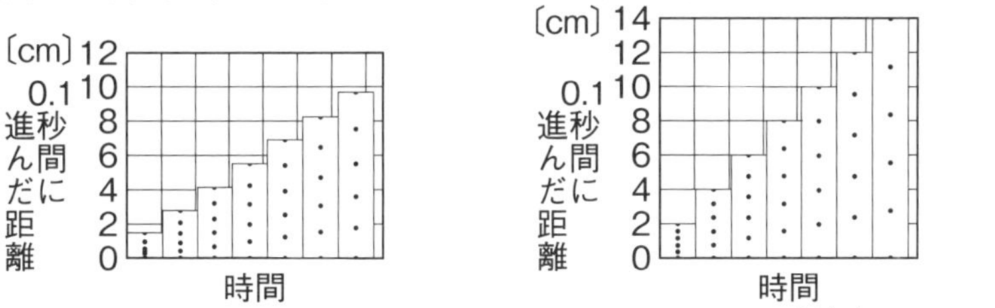
〔cm〕
0.1秒間に進んだ距離
12
10
8
6
4
2
0
時間
〔cm〕
0.1秒間に進んだ距離
14
12
10
8
6
4
2
0
時間

●斜面の傾きが大きくなり，静止した状態の物体が鉛直下向きに落下するようになった運動を(⑨　　　　　)という。

3 物体間での力のおよぼし合い

教 p.206〜p.208

1 2つの物体間で同時にはたらき合う力

(1) 作用・反作用　物体Aが物体Bを押すと，物体Aは物体Bから押し返される。このとき一方の力を**作用**といい，もう一方の力を(⑩　　　　　)という。

(2) (⑪　　　　　　　　)　作用と反作用は2つの物体間で同時にはたらき，同じ大きさで，一直線上で向きは反対であるという法則。

満点ミッション

⑥**等速直線運動**
一直線上を一定の速さで動く運動。

⑦**慣性の法則**
物体に力がはたらいていないときや，物体にはたらく力がつり合っているときに，物体が等速直線運動や静止の状態を続けること。

⑧**慣性**
運動している物体は等速直線運動を続け，静止している物体は，静止し続けようとする性質。

⑨**自由落下**
静止した状態の物体が鉛直下向きに落下するときの運動。

⑩**反作用**
物体Aから物体Bにはたらく力を作用とするとき，物体Aが物体Bから受ける力のこと。

⑪**作用・反作用の法則**
作用があるとき，必ず同じ大きさで，一直線上にあり向きが反対の反作用があるという法則。物体が運動しているときにも成り立つ。

テストに出る！

予想問題

2章　物体の運動－①

⏱30分

/100点

よく出る 1 下の図は，ストロボスコープを使って一定時間ごとの運動のようすを記録したものである。これについて，あとの問いに答えなさい。　　　　　　　　　　　　　　4点×3〔12点〕

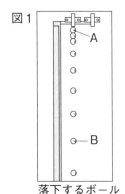

図1

落下するボール

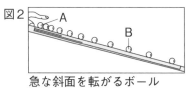

図2

急な斜面を転がるボール

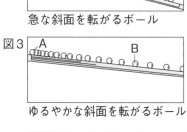

図3

ゆるやかな斜面を転がるボール

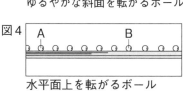

図4

水平面上を転がるボール

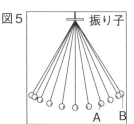

図5　振り子

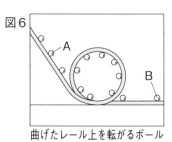

図6

曲げたレール上を転がるボール

(1)　図1〜6の中で，ボールが一定の速さで動いているのはどれか。　　　（　　　　　）

(2)　図1〜6の中で，BよりAのほうがボールの速さが大きいのはどれか。　（　　　　　）

(3)　図で，ボールの速さは，ボールの間隔が広いときほど大きいか，小さいか。

　　　　　　　　　　　　　　　　　　　　　　　　　　　　　　（　　　　　）

2 物体の速さについて，次の問いに答えなさい。　　　　　　　　　　4点×8〔32点〕

(1)　75mを10秒で走る物体の速さを，以下のような式で計算した。（　）にあてはまる数を単位をつけて答えなさい。　　　①（　　　　　）　②（　　　　　）　③（　　　　　）

$$速さ[m/s] = \frac{（ ① ）}{（ ② ）} = （ ③ ）$$

(2)　速さの単位[m/s]は何と読むか。　　　　　　　　　　　（　　　　　　　　　　　）

(3)　水平な台の上でボールを転がしたところ，8m移動するのに10秒かかった。このボールの速さは何m/sか。　　　　　　　　　　　　　　　　（　　　　　　　　　　）

(4)　(3)で求めた速さは何km/hか。　　　　　　　　　　　　（　　　　　　　　　　）

(5)　次の文の（　）にあてはまる言葉を答えなさい。

　　　　　　　　　　　　　①（　　　　　　　　　）　②（　　　　　　　　　）

　　物体がある時間の間，同じ速さで動いたと考えたときの速さを（ ① ）といい，自動車のスピードメーターに表示されるような速さを（ ② ）という。

3 下の図は，記録タイマーによる物体の運動を記録したものである。図を参考にして，あとの問いに答えなさい。
　　　　　　　　　　　　　　　　　　　　　　　　　　　　　　　　　　4点×4〔16点〕

A B　　　　　　　　C　　　←──テープを引いた向き　　　D

(1) 記録を調べるときには，図のAとBのどちらから調べはじめるか。　　（　　　）

(2) 図のCとDはどちらも2打点間の長さを表している。物体の速さが大きいのは，図のC
　　とDのどちらか。　　　　　　　　　　　　　　　　　　　　　　　　（　　　）

(3) 記録テープを調べたら，ある0.1秒間分の長さが5.2cmであった。このときの物体の平均
　　の速さは何cm/sか。　　　　　　　　　　　　　　　　　（　　　　　　　）

(4) 記録テープを0.1秒ごとに切って並べてみると，その長さは時間とともに長くなっていた。
　　この物体の運動の速さはどのようになっているか。　　　　（　　　　　　　）

4 下の図1は，斜面を下りる台車の運動を記録タイマーで記録し，テープを0.1秒ごとに切っ
てグラフ用紙にはったものである。あとの問いに答えなさい。
　　　　　　　　　　　　　　　　　　　　　　　　　　　　　　　　　　5点×8〔40点〕

図1　　　　　　　　　　　　　　　図2

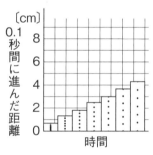
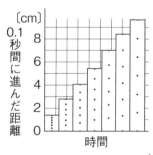

(1) この実験で使用した記録タイマーは，1秒間で何回打点するか。　（　　　　　　　）

(2) 図1で，5本目のテープを記録したときの台車の平均の速さは何cm/sか。
　　　　　　　　　　　　　　　　　　　　　　　　　　　　　（　　　　　　　）

(3) 図2は，斜面の傾きを変えたときの結果である。斜面の傾きを図1のときと比べてどの
　　ようにしたか。　　　　　　　　　　　　　　　　　　　　（　　　　　　　）

(4) 斜面の傾きを(3)のようにすると，台車にはたらく斜面に平行な下向きの力はどのように
　　なるか。　　　　　　　　　　　　　　　　　　　　　　　（　　　　　　　）

(5) 図2で，5本目のテープを記録したときの台車の平均の速さは何cm/sか。

　　　　　　　　　　　　　　　　　　　　　　　　　　　　　（　　　　　　　）

(6) 斜面を下るにつれて，台車の速さはどのようになるか。　　（　　　　　　　）

(7) 台車が斜面を下りた後，水平な平面を移動していったが，やがて止まった。これは，台
　　車に何という力がはたらいたためか。　　　　　　　　　　（　　　　　　　）

(8) 斜面の角度を90°にしたとき，台車は何という運動をするか。　（　　　　　　　）

テストに出る！

予想問題　2章　物体の運動－②

30分

/100点

1 下の図は，摩擦力がはたらかないようにくふうした装置上のボールの運動を表したものである。あとの問いに答えなさい。　5点×7〔35点〕

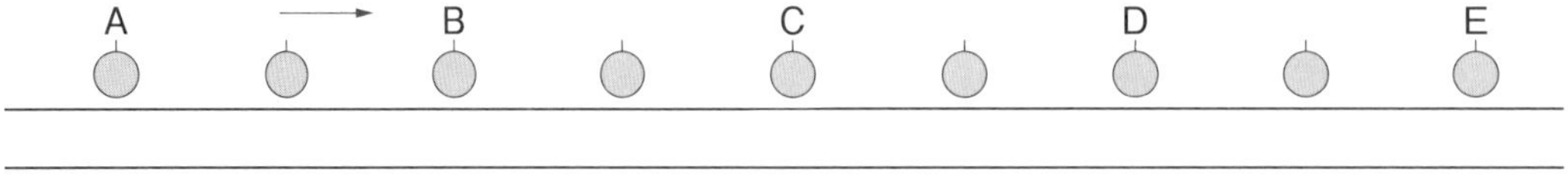

⑴　点Aから点Bへボールが移動するのに0.2秒かかり，その間の移動距離は20cmであった。このときのボールの速さは何cm/sか。（　　　　）

⑵　ボールが点Cから点Eへ移動するのに0.4秒かかり，その間の移動距離は40cmであった。このときのボールの速さは何cm/sか。（　　　　）

⑶　ボールの運動の時間と速さの関係を表すグラフを，次の㋐～㋓から選びなさい。（　　）

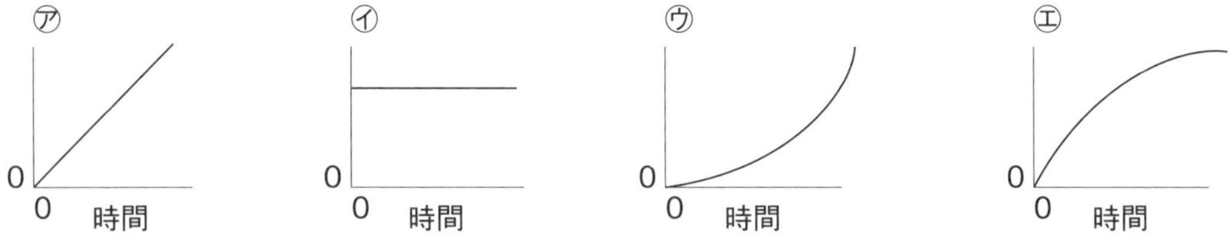

⑷　ボールの運動の時間と移動距離の関係を表すグラフを，⑶の㋐～㋓から選びなさい。（　　）

⑸　上の図のように，一定の速さで一直線上を動く運動を何というか。（　　　　）

⑹　⑸の運動をしている物体の移動距離は，次の式のように表せる。（　）にあてはまる言葉を答えなさい。　①（　　　　）　②（　　　　）

移動距離＝（ ① ）〔m/s〕×（ ② ）〔s〕

2 物体の運動について，次の問いに答えなさい。　5点×3〔15点〕

⑴　物体に力がはたらいていない場合や，力がはたらいていてもつり合っている場合，静止している物体は静止し続け，運動している物体は等速直線運動を続ける。このことを何というか。（　　　　）

⑵　物体がもっている⑴のような性質を何というか。（　　　　）

⑶　⑵の例として，次のア～エから適当なものをすべて選びなさい。（　　　　）

ア　静止しているバスが発進するときに，体が進行方向に傾く。

イ　静止しているバスが発進するときに，体が進行方向とは反対に傾く。

ウ　バスが停車するときに，体が進行方向に傾く。

エ　バスが停車するときに，体が進行方向とは反対に傾く。

3 斜面上の物体の運動について，あとの問いに答えなさい。 7点×5〔35点〕

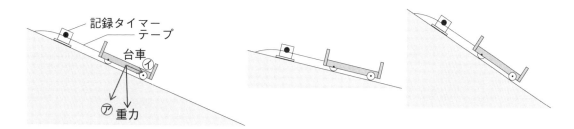

図1　　　　　　　　　　　図2　　　　　　　　　　　図3

記録タイマー
テープ
台車
⑦　重力

(1) ⑦は，台車にはたらく重力の斜面に垂直な分力，⑦は台車にはたらく重力の斜面に平行な分力を表している。斜面の傾きを図2のように小さくすると，図1の⑦，⑦の大きさはどうなるか。次のア〜ウからそれぞれ選びなさい。　⑦（　　）⑦（　　）
　ア　大きくなる。　　イ　小さくなる。　　ウ　変わらない。

(2) 斜面の傾きを図3のように大きくすると，図1の⑦，⑦の大きさはどうなるか。(1)のア〜ウからそれぞれ選びなさい。　⑦（　　）⑦（　　）

(3) 斜面の角度が一定のとき，斜面に平行な分力の大きさは，斜面の位置によって変わるか，変わらないか。　　　　　　　　　　　　　　　　　（　　　　　　　　）

4 下の図のように，ボートAに乗って他方のボートBをオールで押した。これについて，あとの問いに答えなさい。 5点×3〔15点〕

他方のボートをオールで押した。

B　　A

(1) オールで押した後のボートの運動を，次のア〜エから選びなさい。　　（　　）
　ア　ボートAもボートBも動かない。
　イ　ボートAは動くが，ボートBは動かない。
　ウ　ボートAもボートBも動く。
　エ　ボートBは動くが，ボートAは動かない。

(2) (1)で選んだ理由を，次のア〜エから選びなさい。　　（　　）
　ア　ボートBを押すと，同じ力で押し返されるから。
　イ　両方のボートとも重いから。
　ウ　ボートBのほうが重いから。
　エ　ボートAのほうが重いから。

記述 (3) オールでボートBを押す力を「作用」とするとき，反作用は何か。簡単に答えなさい。
　　　　　　（　　　　　　　　　　　　　　　　　　　　　　）

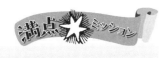

3章　仕事とエネルギー

満点ミッション

①仕事
力の大きさと力の向きに動いた距離の積で表される。単位はジュール(記号J)。

ミス注意！
この本では，100gの物体にはたらく重力の大きさを1Nとする。

②仕事の原理
物体を動かすときに，道具を使っても使わなくても，仕事の量は変わらないということ。

テストに出る！ ココが要点　解答 p.12

① 仕事

[教] p.209～p.213

[1] 仕事（しごと）

図1 ●仕事●

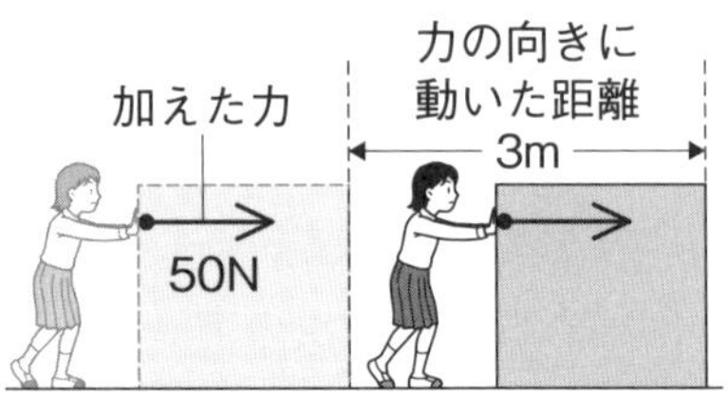
加えた力
力の向きに
動いた距離
3m
50N

(1) 仕事　物体に力を加えて力の向きに物体を動かしたとき，力は物体に（①　　　　）をしたという。

(2) 仕事の量の表し方　仕事の量は以下の式で表される。

仕事〔J〕＝力の大きさ〔N〕×力の向きに動いた距離〔m〕

移動距離が0mの場合，仕事をしたことにならない。

[2] いろいろな仕事

(1) 重力や摩擦力にさからってする仕事

図2

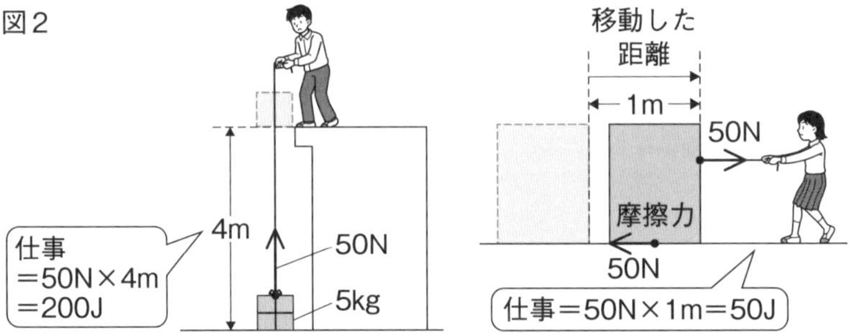
4m
50N
5kg
仕事
＝50N×4m
＝200J
移動した
距離
1m
50N
摩擦力
50N
仕事＝50N×1m＝50J

(2) 道具を使った仕事

図3

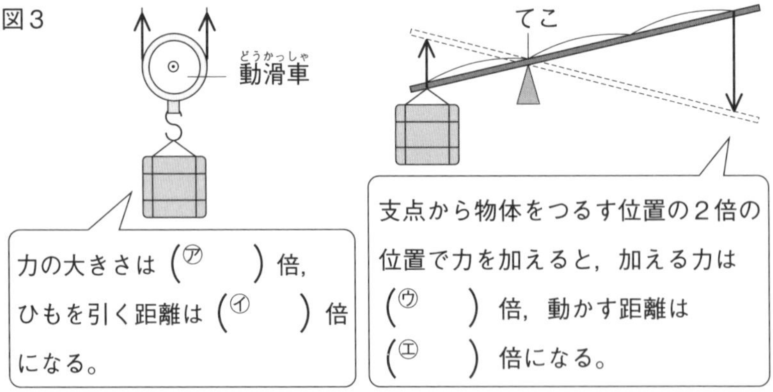
動滑車（どうかっしゃ）
てこ
力の大きさは（㋐　　）倍，
ひもを引く距離は（㋑　　）倍
になる。
支点から物体をつるす位置の2倍の
位置で力を加えると，加える力は
（㋒　　）倍，動かす距離は
（㋓　　）倍になる。

(3) 仕事の原理（しごとのげんり）　滑車などの道具を使って小さな力で仕事をしても，動かす距離が長くなるので，道具を使わなかったときと，仕事の量は変わらない。このことを（②　　　　　　）という。

3 仕事の能率

(1) (③　　　　　　) 一定時間にする仕事のこと。

$$仕事率〔W〕=\frac{仕事〔J〕}{仕事にかかった時間〔s〕}$$

1秒間に1Jの仕事をする仕事率は，1J/s＝1W。

② エネルギー

[教] p.214〜p.220

1 エネルギー

(1) エネルギー　仕事をできる状態にある物体は，(④　　　　　　)をもっているという。

(2) (⑤　　　　　　)

高いところにある物体がもつエネルギー。基準面からの高さと物体の質量で決まる。物体の位置が高いほど大きく，物体の質量が大きいほど大きい。

(3) (⑥　　　　　　)

運動している物体がもつエネルギー。物体の速さが大きいほど大きく，物体の質量が大きいほど大きい。

図4

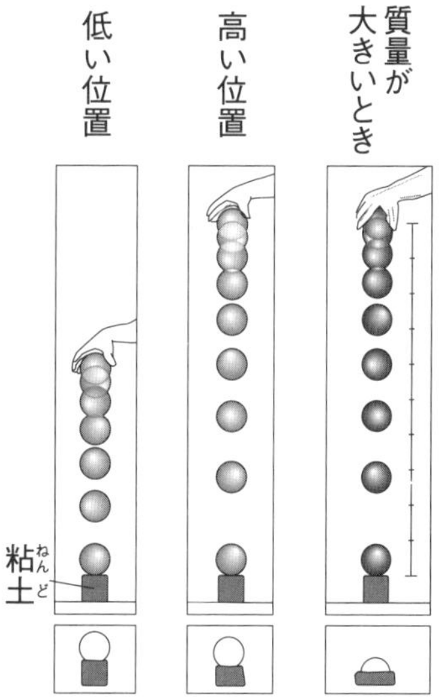

2 位置(いち)エネルギーと運動(うんどう)エネルギーの移り変わり

(1) (⑦　　　　　　) 位置エネルギーと運動エネルギーの和。

- 摩擦や空気の抵抗(ていこう)がないとき，振り子の運動では，力学的(りきがくてき)エネルギーの大きさはいつも等しい。位置エネルギーと運動エネルギーが変化しても，力学的エネルギーが一定に保たれることを(⑧　　　　　　)という。
- 実際には，摩擦や空気の抵抗がはたらくため，力学的エネルギーは熱や音などの別のエネルギーに移り変わり，保存されない。

図5 ●振り子の運動●

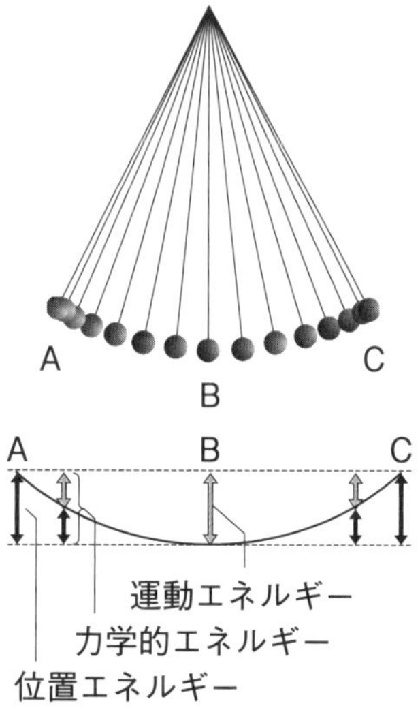

満点ミッション

③**仕事率**
一定時間にする仕事の量。単位はワット(記号W)。
1W＝1J/s。
仕事の能率の大小を表す。

④**エネルギー**
仕事をする能力。単位はジュール(記号J)。

⑤**位置エネルギー**
高い位置にある物体がもつエネルギー。

⑥**運動エネルギー**
運動している物体がもつエネルギー。

⑦**力学的エネルギー**
位置エネルギーと運動エネルギーの和。摩擦や空気の抵抗がないとき，一定に保たれる。

⑧**力学的(りきがくてき)エネルギー保(ほ)存(ぞん)の法則(ほうそく)**
摩擦や空気の抵抗がなければ，位置エネルギーと運動エネルギーの和が一定に保たれること。

テストに出る！
予想問題

3章　仕事とエネルギー

⏰ 30分

/100点

1 摩擦力がはたらく水平面上で，質量
500gの物体に右の図2のグラフのような
のびを示すばねをつけ，図1のように面に
平行な力を加えて，一定の速さで30cm動
かした。物体が動いているとき，ばねのの
びは一定で，4cmであった。次の問いに
答えなさい。　　　　5点×4〔20点〕

図1

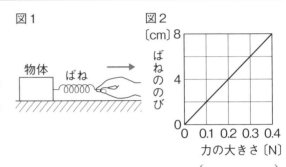

物体　ばね

図2

(1) 物体を引く力の大きさはいくらか。　　　　　　　　　　　　（　　　　　　　）

(2) 物体と水平面の間にはたらく摩擦力の大きさはいくらか。　　（　　　　　　　）

(3) 物体を引く力が摩擦力にさからってした仕事はいくらか。　　（　　　　　　　）

(4) 物体からばねをとりはずし，物体を手でゆっくりと30cm持ち上げた。このときの仕事
はいくらか。　　　　　　　　　　　　　　　　　　　　　　（　　　　　　　）

2 右の図のように，質量30kgの物体を，動滑車
や斜面を使って，地面から6mの高さまで引き上
げた。ひもや滑車の質量，摩擦力はないものとし
て，次の問いに答えなさい。　　　6点×5〔30点〕

図1

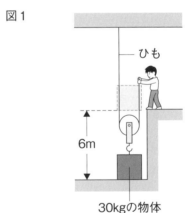

(1) 図1で，物体を引き上げるために必要な力の
大きさはいくらか。　　　（　　　　　　　）

(2) 図1で，物体を6mの高さまで引き上げるた
めには，ひもを何m引く必要があるか。

（　　　　　　　）

(3) 図1で，物体を6mの高さまで引き上げたと
きの仕事の量はいくらか。　（　　　　　　　）

(4) 図1と図2で物体を引き上げた仕事について，
次のア〜ウから正しいものを選びなさい。

（　　　）

30kgの物体

図2

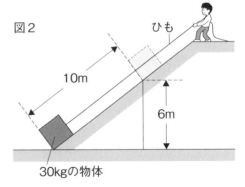

ひも

10m

6m

30kgの物体

　ア　図1のように滑車を使うと，図2のように
　　斜面を使うときよりも仕事の量は小さい。

　イ　図1と図2で，それぞれの仕事の量は同じ
　　である。

　ウ　図2のように斜面を使うと，図1のように滑車を使うときよりも仕事の量は小さい。

(5) 図2で，物体を6mの高さに引き上げるのに4秒かかった。このときの仕事率はいくら
か。　　　　　　　　　　　　　　　　　　　　　　　　　　（　　　　　　　）

3 右の図1で，おもりを落下させると，くいが下がる。おもりの高さや質量をいろいろと変えて，くいの移動距離を調べると，図2のグラフのようになった。次の問いに答えなさい。ただし，おもりと金属棒の間に摩擦はないものとする。 5点×4〔20点〕

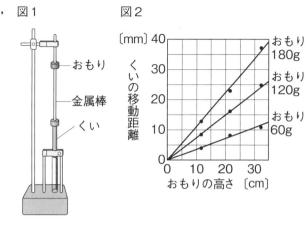

図1

図2

(1) おもりがもつ位置エネルギーの大きさは，おもりの質量をどのようにすると大きくなるか。

（　　　　　　　　　　）

(2) おもりがもつ位置エネルギーの大きさは，おもりの高さをどのようにすると大きくなるか。

（　　　　　　　　　　）

(3) この実験では，おもりがくいにする何の量を調べているか。漢字2文字で答えなさい。

（　　　　　　　　　　）

(4) おもりが落下するとき，おもりのもつ位置エネルギーが減少するかわりに，何というエネルギーが増加するか。

（　　　　　　　　　　）

4 右の図のような振り子を用いて，力学的エネルギーについての実験を行った。摩擦や空気の抵抗はないものとして，次の問いに答えなさい。 5点×6〔30点〕

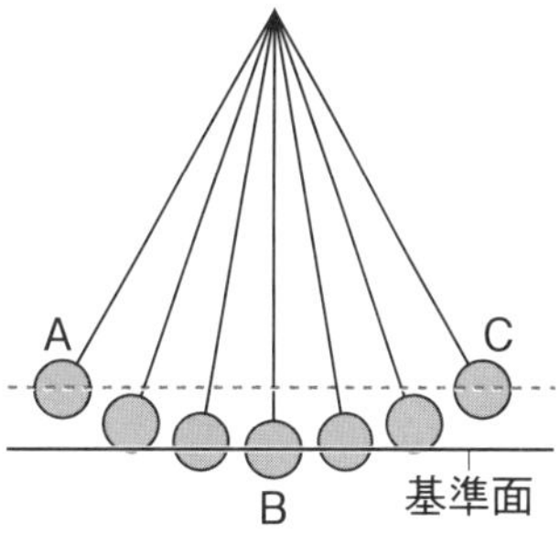

(1) Aの位置でおもりを支えていた手をはなすと，おもりはA→B→C→B→Aの順に動いた。このとき，速さがもっとも大きいのは，A〜Cのどこか。 （　　　）

(2) おもりがA→Bと動くとき，おもりがもつ位置エネルギーは，増加していくか，減少していくか。

（　　　　　　　　　　）

(3) おもりがA→Bと動くとき，おもりがもつ運動エネルギーは増加していくか，減少していくか。

（　　　　　　　　　　）

(4) 運動エネルギーの大きさが0になる点をA〜Cからすべて選びなさい。

（　　　　　　　　　　）

(5) Aでおもりがもっている位置エネルギーの大きさと等しいのは，次のア〜ウのどれか。ただし，位置エネルギーはBの高さを基準とする。 （　　　）

ア　Bでおもりがもっている運動エネルギー

イ　Bでおもりがもっている位置エネルギー

ウ　Cでおもりがもっている運動エネルギー

(6) 位置エネルギーと運動エネルギーの和が一定に保たれることを何の法則というか。

（　　　　　　　　　　）

4章　多様なエネルギーとその移り変わり
5章　エネルギー資源とその利用

テストに出る！ ココが要点　解答 p.13

① エネルギーの種類と移り変わり　[教] p.221〜p.229

1 いろいろなエネルギー

(1) **電気エネルギー**　モーターを回すなど，電気がもつエネルギー。

(2) **熱エネルギー**　水蒸気など，熱をもつ物体がもつエネルギー。

(3) **力学的エネルギー**　運動エネルギーと位置エネルギーの和。

(4) (①　　　　　　) 化学変化によって，物質からとり出されるエネルギー。

(5) **光エネルギー**　光がもつエネルギー。
[例]光電池に光を当てると発電する。

(6) (②　　　　　　) のびたり押し縮められたりした物体など，変形した物体がもつ，もとの形にもどろうとするエネルギー。

(7) **音エネルギー**　音がもつエネルギー。
[例]大きな音で窓ガラスが振動する。

(8) **核エネルギー**　核分裂などによって，原子核からとり出せるエネルギー。

2 エネルギーの変換

(1) エネルギーの変換　さまざまな装置を使うことで，エネルギーはたがいに変換できるが，その過程で，一部は目的以外の熱などのエネルギーに変換される。しかし，目的以外の熱エネルギーや音エネルギーをふくめると，エネルギーの総量は変わらない。これを(③　　　　　　)という。

(2) (④　　　　　　) もとのエネルギーから目的のエネルギーに変換された割合。LED電球は，白熱電球よりも変換効率が高い。

3 熱の伝わり方

(1) (⑤　　　　　　) 接している物体どうしで熱が伝わる現象。

(2) (⑥　　　　　　) 熱せられた液体や気体が流動することで熱が運ばれる現象。

(3) (⑦　　　　　　) 熱をもった物体から光や赤外線などとしてエネルギーが出され，それが当たった物体の温度が上昇する現象。

満点★ミッション

①**化学エネルギー**
化学変化によってとり出せる，物質がもつエネルギー。

②**弾性エネルギー**
変形したゴムやばねがもつ，もとの形にもどろうとするエネルギー。

③**エネルギー保存の法則**
エネルギーが移り変わっても，その総量はつねに一定になること。

④**変換効率**
もとのエネルギーから目的のエネルギーに変換できる割合を表したもの。

⑤**熱伝導(伝導)**
接する物体どうしで熱が伝わる現象。

⑥**対流**
温度が異なる液体や気体の移動により熱が運ばれる現象。

⑦**熱放射(放射)**
熱をもった物体から光や赤外線などが放出され，熱が伝わる現象。

ココが要点の答えになります。

② エネルギー資源とその利用

[教] p.230～p.239

1 発電方法

(1) (⑧　　　　　　　　)

ダムの水
(㋐　　　　) エネルギー ―水車・発電機→ 電気エネルギー

- 長所…発電時に二酸化炭素や汚染物質を排出しない。
- 短所…ダムを建設できる場所が限られる。環境が変わる。

(2) (⑨　　　　　　　　)

石油
(㋑　　　　) エネルギー ―ボイラー→ 熱エネルギー ―タービン・発電機→ 電気エネルギー

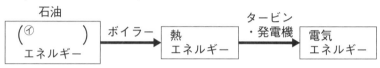

- 長所…容易に発電量を調整できる。
- 短所…(⑩　　　　　　　　)を大量に燃焼させるので，二酸化炭素が発生する。

(3) (⑪　　　　　　　　)

ウラン
(㋒　　　　) エネルギー ―原子炉→ 熱エネルギー ―タービン・発電機→ 電気エネルギー

- 長所…少量の核燃料から大量に発電ができる。二酸化炭素が発生しない。
- 短所…使用ずみの核燃料から大量の放射線が発生する。

(4) **地熱発電**　地熱により，水を水蒸気にして，発電機を回すことで，熱エネルギーを電気エネルギーに変換する。

(5) **太陽光発電**　光電池(太陽電池)に光を当てることで，光エネルギーを直接電気エネルギーに変換する。

(6) **風力発電**　風を受けた風車により，発電機を回すことで，運動エネルギーを電気エネルギーに変換する。

2 エネルギー利用の問題点

(1) 化石燃料の大量消費によって排出される二酸化炭素は，**地球温暖化**の原因の1つと考えられている。

3 放射線

(1) (⑫　　　　　　　　) 放射性物質から出されるもの。電離作用や透過力がある。

- X線，α線，β線，γ線，**中性子線**などがある。
- 多量に浴びると，生物や人体にとって有害である。

満点★ミッション

⑧**水力発電**
ダムにためた水を落下させて発電機を回すことで，位置エネルギーを電気エネルギーに変換する発電方法。

⑨**火力発電**
化石燃料の燃焼により，水を水蒸気にして，発電機を回すことで，化学エネルギーを熱エネルギーに，さらに電気エネルギーに変換する発電方法。

⑩**化石燃料**
石炭や石油，天然ガスなどのエネルギー資源。埋蔵量に限りがある。

⑪**原子力発電**
ウランなどが核分裂するときのエネルギーにより，水を水蒸気にして，発電機を回すことで，核エネルギーを熱エネルギーに，さらに電気エネルギーに変換する発電方法。

⑫**放射線**
X線，α線，β線などのこと。電離作用や透過力がある。

テストに出る!
予想問題

4章　多様なエネルギーとその移り変わり
5章　エネルギー資源とその利用

⏱30分

/100点

1 右の図は，エネルギーの移り変わりについて表したものである。次の問いに答えなさい。

5点×6〔30点〕

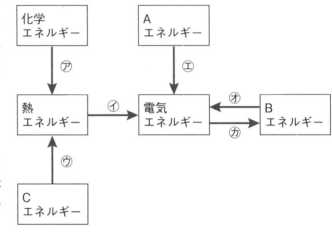

(1) 太陽光発電では，図に表した㋓のはたらきによってAのエネルギーを電気エネルギーに変換している。㋓を行う装置を何というか。（　　　　　）

(2) Aのエネルギーは何か。（　　　　　）

(3) 手回し発電機を回したときのエネルギーの移り変わりは，矢印㋕で表される。Bのエネルギーは何か。
（　　　　　）

(4) 矢印㋖のようにエネルギーを変換する装置には何があるか。（　　　　　）

(5) Cのエネルギーを，㋒，㋑の順で変換して発電する方法は，燃料や廃棄物の安全なとりあつかいに課題が残っている。Cのエネルギーの名称を答えなさい。
（　　　　　）

(6) 化石燃料がもつ化学エネルギーを㋐，㋑の順で変換して発電を行うのは，何という発電方法か。（　　　　　）

2 右の図のように，固定した滑車つきモーター，電源装置，電流計，電圧計を使った回路のスイッチを入れ，200gのおもりを10秒かけて1m持ち上げた。このときの，電流計の値は0.4A，電圧計の値は5.0Vであった。これについて，次の問いに答えなさい。ただし，100gの物体にはたらく重力の大きさを1Nとし，持ち上げるひもの質量は考えないものとする。

5点×2〔10点〕

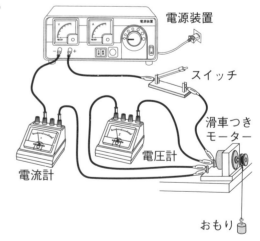

電源装置
スイッチ
滑車つきモーター
電圧計
電流計
おもり

(1) モーターがした仕事（おもりが得た位置エネルギー）は何Jか。（　　　　　）

(2) モーターが消費した電気エネルギーに対する，おもりが得た位置エネルギーは何%か。エネルギーの変換効率を求めなさい。
（　　　　　）

[3] 右の図は，鍋（なべ）に入った水を加熱するときの熱の伝わり方を表したものである。次の問いに答えなさい。

5点×3〔15点〕

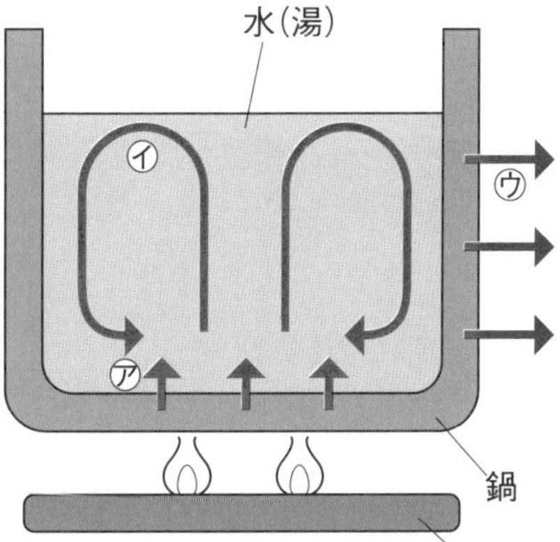

(1) 図の㋐のように，コンロで加熱されて高温になった鍋の底から，中の水に熱が伝わった。この熱の伝わり方を何というか。（　　　　）

(2) 図の㋑のように，鍋の底で高温になった水が上昇して，熱が上のほうへ移動した。この熱が運ばれる現象を何というか。（　　　　）

(3) コンロの火を消し，熱くなった鍋の側面に手をかざすと，鍋から離れているのに，熱さを感じた。図の㋒のような熱の伝わり方を何というか。（　　　　）

[4] 次の(1)〜(9)の文は，現在行われている発電方法や研究・開発中の発電方法について説明したものである。あてはまる発電方法などを，それぞれ下の［　　］から選んで答えなさい。

5点×9〔45点〕

(1) 光を当てると電流が流れる光電池(太陽電池)のパネルを利用している。（　　　　　　）

(2) 化石燃料の燃焼による二酸化炭素の大量発生が地球温暖化の原因の１つと考えられている。（　　　　　　）

(3) 燃料のウランや，廃棄物などから生物に害をおよぼす放射線が出るので，とりあつかいに厳重（げんじゅう）な注意が必要である。（　　　　　　）

(4) 二酸化炭素や汚染物質の発生は少ないが，ダムの建設場所に限りがあり，建設によってもとの環境が大きく変わってしまう。（　　　　　　）

(5) 植物は成長のために二酸化炭素を吸収しているので，落ち葉などの生物資源を燃やしても大気中の二酸化炭素の増加の原因とならないこと。（　　　　　　）

(6) 水素と空気中の酸素を利用して，化学エネルギーを直接電気エネルギーに変換する方法で，水だけが排出される。（　　　　　　）

(7) マグマの熱で発生した水蒸気でタービンを回す。（　　　　　　）

(8) 風の運動エネルギーを利用して発電する。（　　　　　　）

(9) その地域（ちいき）でつくったり，たくわえたりしたエネルギーの利用状況を，情報通信技術を用いて把握し，融通し合うしくみ。（　　　　　　）

風力発電　水力発電　火力発電　燃料電池　原子力発電　地熱発電
スマートコミュニティ　太陽光発電　カーボンニュートラル

1章 自然界のつり合い
2章 さまざまな物質の利用と人間

満点★ミッション

①生態系
ある場所に生息する生物とその周囲の環境を1つのまとまりとして見たもの。

②食物連鎖
生物どうしの食べる・食べられるという関係のひとつながり。

③食物網
食べる・食べられるという生物の関係が網の目のように複雑にからみ合ったもの。

④生産者
光合成を行い，みずから有機物をつくる生物。植物など。

⑤消費者
ほかの生物を食べることで有機物を得ている生物。動物など。

⑥生物濃縮
生物がとりこんだ物質が体内に蓄積され，物質の濃度が高くなること。

⑦分解者
生物の遺骸やふんなどから栄養分を得る消費者。

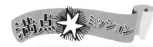

テストに出る！ ココが要点 解答 p.14

1 自然界のつり合い

教 p.253〜p.265

1 食べる・食べられるの関係

(1) (①) ある場所に生活する生物とそれをとり巻く環境を1つのまとまりとして見たもの。水，大気など生物の生活に影響を与える環境を環境要因という。

(2) (②) 生物の間で見られる，食べる・食べられるの関係のひとつながり。実際には複雑な網の目のようにからみ合っていて，これを(③)という。

(3) (④) 光合成を行い，みずから有機物をつくる生物。植物など。

(4) (⑤) 光合成を行わず，ほかの生物から有機物を得ている生物。生産者と消費者の数量は，増加したり減少したりしながらつり合いが一定の範囲に保たれている。

(5) (⑥) 生物がとりこんだ物質が体内にたまり，物質の濃度が高くなること。食物連鎖の下層の生物が上層の生物に食べられることで生物濃縮がさらに進む。

2 土の中の動物と微生物のはたらき

(1) (⑦) 生物の遺骸やふんなどから栄養分を得る消費者。ダンゴムシなどの小動物，カビやキノコなどの菌類，納豆菌などの細菌類など。

3 物質の循環

(1) 炭素の循環　炭素は生産者，消費者，分解者がかかわりあって循環している。

図1
●物質の循環●

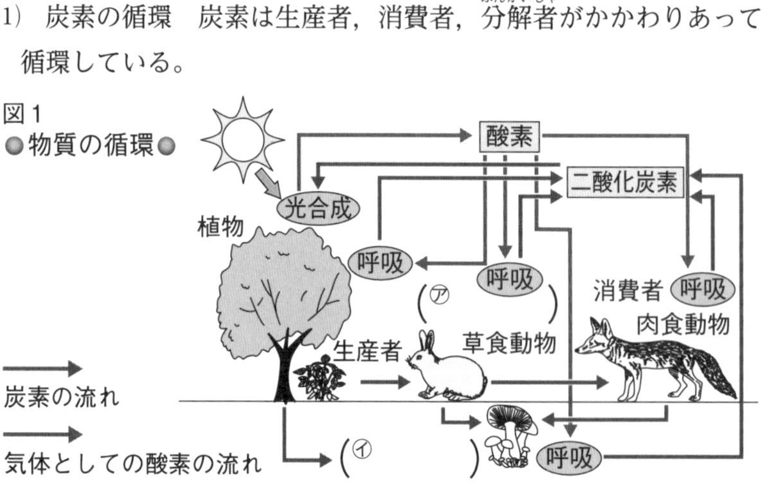

ココが要点の答えになります。

② さまざまな物質の利用と人間　_教 p.266〜p.274

1 天然の物質と人工の物質

(1) **さまざまな繊維**　繊維にはさまざまな種類があり，用途によって使い分けられている。

(2) (⑧　　　　　　)　天然の素材からつくられた繊維。
例 綿，絹，羊毛など

(3) (⑨　　　　　　)　石油などを原料にして，人工的につくられた繊維。じょうぶで，乾きやすい。
例 ポリエステル，ナイロン，アクリルなど

図2　●天然繊維●　　　　　●合成繊維●
セーター　　　　　　　　スポーツウェア

(4) **身のまわりの天然の物質**　**木が原料**の鉛筆の軸，割り箸，ノート，本や**金属が原料**の鍋，フライパン，**粘土などが原料**の陶器などがある。

(5) **身のまわりの人工の物質**　クリアファイル，スポンジなど，プラスチックでできているものが多い。

2 プラスチック

(1) (⑩　　　　　　)　石油などを原料とし，人工的に合成された物質の総称。合成樹脂ともよばれる。非常に大きな分子からなる(⑪　　　　　　)とよばれる物質の一種である。

(2) **プラスチックの性質と利用**　電気を**通さない**，熱するととけて燃える，**水をはじく**，腐らずさびないなどの共通の特徴と，水への浮き沈みが異なるなど，種類ごとに異なる特徴がある。

● ポリプロピレン(**PP**)…割れにくい，熱や薬品に強い。

● ポリエチレンテレフタラート(**PET**)…透明でじょうぶ。

● ポリエチレン(**PE**)…薬品に強い。かたいものとやわらかいものがある。

● ポリ塩化ビニル(**PVC**)…燃えにくく，薬品に強い。かたいものとやわらかいものがある。

● ポリスチレン(**PS**)…かたいが割れやすい。透明である。

(3) **プラスチックの廃棄**　自然界に悪影響をおよぼさないように種類ごとに回収し，(⑫　　　　　　)することが求められている。

⑧**天然繊維**

綿，絹，羊毛など，天然の素材からつくられた繊維。

⑨**合成繊維**

ポリエステル，ナイロン，アクリルなど，おもに石油を原料としてつくられた繊維。

⑩**プラスチック**

おもに石油を原料としてつくられた物質の総称。身近な容器や工業・医療などで幅広く使われている。

⑪**高分子化合物**

水や二酸化炭素などの分子に比べて，非常に大きな分子でできている化合物。

⑫**リサイクル**

不要になったものや廃棄物を資源として回収し，また別の製品にすること。

テストに出る！

予想問題

1章　自然界のつり合い
2章　さまざまな物質の利用と人間

⏱30分

/100点

1 右の図は，ある生態系における生物の数量的な関係を表したものである。これについて，次の問いに答えなさい。　2点×12〔24点〕

生物A

生物B

生物C

生物D

(1) 生物A〜Cはいずれもみずから有機物をつくり出すことができない生物である。これらをまとめて何というか。

（　　　　　　　）

(2) (1)に対して，みずから有機物をつくる生物Dを何というか。（　　　　　　　）

(3) 生物Dは，あるはたらきにより，二酸化炭素や水から有機物をつくり出している。あるはたらきとは何か。（　　　　　　　）

(4) 生物Cはおもに何を食べているか。（　　　　　　　）

(5) なんらかの原因により，生物Bの数量がふえたとする。このとき生物Aの数量はどのように変化するか。（　　　　　　　）

(6) (5)のとき生物Cの数量はどのように変化するか。（　　　　　　　）

(7) 生物Cの数量が(6)のようになると，次に生物Bの数量はどのように変化するか。

（　　　　　　　）

(8) 生物A〜Dにあてはまる生物を，次のア〜エからそれぞれ選びなさい。

A（　　）　B（　　）　C（　　）　D（　　）

ア　エノコログサ　　イ　タカ
ウ　モズ　　エ　トノサマバッタ

(9) (8)の生物の間にも見られる，生物どうしの食べる・食べられるの関係のひとつながりを何というか。（　　　　　　　）

2 右の図は，落ち葉の間や土の中で生活している小動物を表したものである。これについて，次の問いに答えなさい。　4点×6〔24点〕

(1) A〜Dの生物の名称を，次のア〜エからそれぞれ選びなさい。

A（　　）　B（　　）
C（　　）　D（　　）

ア　オカダンゴムシ　　イ　クモ
ウ　ムカデ　　エ　ミミズ

A

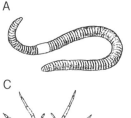

B

C

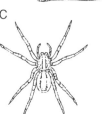

D

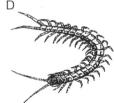

(2) A〜Dのうち，落ち葉などを食べるものはどれか。2つ選びなさい。

（　　）（　　）

3 右の図は，ある地域の生物のつながりと，物質の循環を表したものである。これについて，次の問いに答えなさい。

4点×8〔32点〕

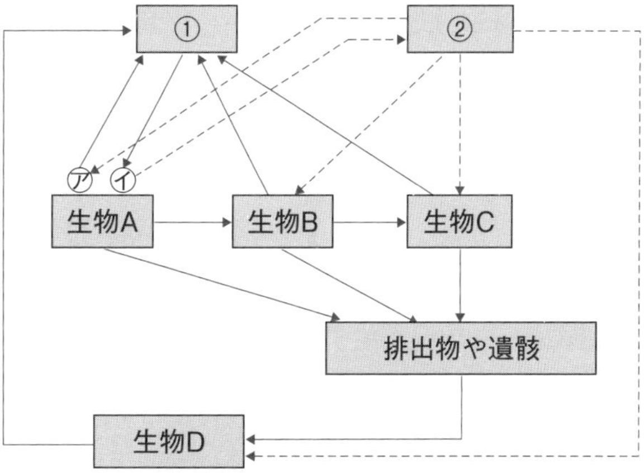

(1) 図の①，②は，空気中に存在する気体である。それぞれ気体名を答えなさい。 ①(　　　) ②(　　　)

(2) 図の㋐，㋑は，それぞれ生物Aによる何という活動を表しているか。

㋐(　　　) ㋑(　　　)

(3) 図の生物A～Dは，それぞれ生産者，消費者，分解者のどれにあたるか。

生物A(　　　) 生物B(　　　) 生物C(　　　) 生物D(　　　)

4 下の表は，3種類のプラスチックA～Cの使われ方や特徴を表している。これについて，あとの問いに答えなさい。

4点×5〔20点〕

	A	B	C
特徴	透明でじょうぶ。	薬品に強い。	燃えにくく， 薬品に強い。
製品の例	ペットボトル	ごみ袋	消しゴム 水道管

(1) いっぱん的なプラスチックの性質として，次のア～エから適当なものをすべて選びなさい。 (　　　)

ア 水に入れると沈む。　**イ** 熱するととけて燃える。

ウ 電気を通しやすい。　**エ** 腐ることがなく，さびにくい。

(2) 表のA～Cにあてはまるプラスチックの名称を，下の〔　〕から選んで答えなさい。

A(　　　) B(　　　) C(　　　)

〔 ポリプロピレン　ポリエチレン　ポリエチレンテレフタラート
ポリ塩化ビニル　ポリスチレン 〕

(3) プラスチックについて述べた文のうち，次のア～ウから適当なものを選びなさい。 (　　)

ア 海岸などに廃棄されて細かくなったプラスチックごみを魚や鳥があやまって飲みこんでしまうことがある。

イ プラスチックの原料は地球に限りなくある。

ウ 種類が異なるプラスチックが混ざっていても，簡単に識別してリサイクルすることができる。

3章　科学技術の発展　4章　人間と環境
5章　持続可能な社会をめざして

テストに出る！ ココが要点　解答 p.15

① 科学技術の発展　教 p.275〜p.283

①科学技術
科学にもとづいた技術のこと。

②蒸気機関
水を加熱して生じた水蒸気の力でピストンやタービンを動かし，連続して大きな力をとり出す機械。

1 科学技術の利用

(1) （①　　　　　　） 科学にもとづいた技術のこと。科学技術の発展によって生活は豊かになり，社会は大きく変化した。

(2) 交通輸送手段　18世紀後半に（②　　　　　　）が実用化され，産業革命が起こった。

● 電車，自動車，飛行機の開発により，速く，大量に，遠くまで輸送できるようになった。

● 将来的には，リニアモーターカーを使った中央新幹線が開通し，さらに高速の輸送が実現されようとしている。

● 科学技術の発展により，安全や環境などの面でさまざまな問題が引き起こされてきたが，現在は，環境問題やエネルギー問題などを解決するためにも科学技術が役立っている。

(3) 通信手段

● **インターネット**の普及や情報処理技術の進歩によって，瞬時に情報を入手できるようになった。また，人との連絡も手軽にとることができるようになった。

● 過去の膨大なデータから，人間の脳のように考えることのできる（③　　　　　　）（人工知能）が登場し，活用が広がっている。

● （④　　　　　　）（仮想現実）の技術の研究が進んでおり，訓練などに利用されている。

③AI
人工知能。膨大なデータの蓄積から，人間の脳のように物事を考えたり判断したりできる。

④VR
コンピュータによってつくり出された人工的な環境を現実として認識させる技術。

(4) その他の分野

● 医療分野…遺伝子を解析し，1人ひとりに合わせた治療を行う**オーダーメイド医療**がはじまったり，バイオ3Dプリンタを利用した再生医療が研究されたりしている。

● 福祉分野…食事支援ロボットや介助ロボット，高機能車いすなどが病院や介護施設で活躍している。義手，義足にも最新の科学技術や素材が使われている。

● 資源分野…携帯電話やパソコンにふくまれる貴重な金属を再利用する技術が実用化されつつある。

● 宇宙開発…安価で利便性のよいロケットの開発が進められている。

●防災・減災…自然災害時の人々の避難(ひなん)行動を予測する技術や，災害現場でのドローンの活用が進められている。

●海洋開発…海底の資源を探査する技術が進んでいて，日本近海での有用な鉱物の採掘が実現しようとしている。

② 人間と環境

[教] p.284～p.301

[1] 人間と自然の関わり

(1) 身近な環境調査　人間の活動は身近な環境にも影響を与えていることがわかる。 [例]水生生物による水質調査

(2) 自然災害　地域の災害を調べ，防災や減災にとり組むことがたいせつである。

[2] 人間の生活と環境への影響

(1) 地球温暖化　化石燃料の大量消費により，大気中の(⑤　　　　)などの割合が増加し，地球の気温が上昇する地球温暖化が起こっている。

(2) (⑥　　　　)への影響　冷蔵庫(れいぞうこ)などに使われていたフロン類が大気の上空にあるオゾン層のオゾンの量を減少させ，多くの紫外線(しがいせん)が地表に届(とど)くようになっている。

(3) 酸性雨と光化学(こうかがく)スモッグ　大気汚染により強い酸性になった雨を(⑦　　　　)という。大気中の窒素(ちっそ)酸化物は紫外線により有害な物質に変化し，目やのどを刺激(しげき)する光化学スモッグの原因にもなる。

(4) 赤潮(あかしお)，アオコ　生活排水などが大量に海や湖に流れこみ，プランクトンが大発生して，その水域が赤くなる現象を赤潮といい，緑色になる現象をアオコという。

(5) (⑧　　　　)　本来分布していない地域に人間によって移入され，定着した生物。大量に繁殖(はんしょく)し，生態系のバランスをくずすなどの影響がある。

③ 持続可能な社会をめざして

[教] p.302～p.309

[1] 持続可能(じぞくかのう)な社会(しゃかい)

(1) (⑨　　　　　　)　資源の消費を減らし，くり返し利用することができるような社会のこと。

(2) (⑩　　　　　　)　将来のために資源や自然環境を保全しながら，現在の豊かな生活を続けられる社会のこと。

(3) 持続可能な社会をめざすとり組み　白熱電球や蛍光灯をLEDを用いた照明に変えたり，燃料電池自動車を普及させたりする。

満点★ミッション

⑤**二酸化炭素**
化石燃料の大量燃焼によって，大気中に多量に放出され，地球温暖化の原因の1つになっていると考えられる気体。

⑥**オゾン層**
紫外線を吸収するオゾンの層。フロン類によりオゾンの量が減少している。

⑦**酸性雨**
大気中の窒素酸化物や硫黄(いおう)酸化物が水にとけて強い酸性を示すようになった雨。

⑧**外来生物(がいらいせいぶつ)**
人間によって本来生息していなかった地域に持ちこまれ，定着した生物。

⑨**循環型社会(じゅんかんがたしゃかい)**
３R(リデュース・リユース・リサイクル)などの活動を通じて，資源を新たに使うことを避け，くり返し利用できる社会。

⑩**持続可能な社会**
将来の資源の枯渇やエネルギー不足を防ぎつつ，自然環境を保全したり豊かな生活を送ったりできる社会。

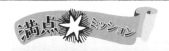

テストに出る！

予想問題

3章　科学技術の発展　4章　人間と環境
5章　持続可能な社会をめざして

⏱ 30分

/100点

1 次の文は交通輸送手段と科学技術の発展について説明したものである。あとの問いに答え
なさい。

4点×5〔20点〕

> 18世紀後半に（　①　）が実用化され，（　②　）が起こり，新たな科学技術が発展した。
> （　①　）を用いた蒸気機関車や蒸気船が登場し，大量輸送や大量生産が可能になった。
> 　現在では，電車，自動車，飛行機などが利用され，さらに速く大量に輸送できるよう
> になっている。大量生産，大量輸送が可能になり，産業活動が活発になった結果，（　③　）
> の大量消費などの問題が生じている。

(1)　上の文の（　）にあてはまる言葉を答えなさい。

①（　　　　　　）　②（　　　　　　　）　③（　　　　　　）

(2)　①は，何の力でピストンなどを動かしているか。　　　　　　（　　　　　　）

(3)　③の大量消費により，どのような問題が生じているか。1つ答えなさい。

（　　　　　　　　　　）

2 次の文は，科学技術の利用について書かれたものである。（　）にあてはまる言葉を下のア
〜コから選びなさい。

3点×5〔15点〕

①（　　）　②（　　）　③（　　）
④（　　）　⑤（　　）

> 　情報通信の技術が急速に発展し，インターネットを通じて瞬時に情報を得たり，手軽
> に連絡をとったりすることができるようになった。また，膨大なデータをもとに，人間
> の脳のように考えることのできる（　①　）を搭載したロボットが将棋でプロ棋士に勝った
> り，接客を行ったりするなど活用が広がっている。また，コンピュータがつくり出した
> 人工的な環境を現実として認識させる（　②　）の技術も，災害に備えた訓練などに利用さ
> れている。
> 　医療分野では，遺伝子を解析し，1人ひとりに合わせた治療を行う（　③　）医療がはじ
> まっている。
> 　福祉分野では，（　④　）を利用することにより，介助者が必要であった患者が，自分の
> 意思で食べたいものを食べることができるようになっている。
> 　防災・減災分野では，（　⑤　）が人の入れない災害現場での被害状況の把握や救助活動
> に利用されている。

ア　食事支援ロボット　　イ　都市鉱山　　ウ　スマート
エ　MRI　　オ　GPS　　カ　AI　　キ　ドローン
ク　合成繊維　　ケ　オーダーメイド　　コ　VR

3 次の(1)～(5)の文は，人間の生活による自然環境への影響について説明したものである。それぞれの説明する自然環境への影響は何とよばれているか。下のア～オから選びなさい。また関連の深いことがらを下のカ～コから選びなさい。　　　　　　3点×10〔30点〕

(1)　窒素化合物などをふくんだ生活排水が海に流れこみ，水中の小さな生物が大量に発生して，海面が赤く見える。　　　　　　　　　　　よばれ方（　　　）　関連（　　　）

(2)　冷蔵庫やエアコンに使われていた物質が大気中に出て，上空の紫外線をさえぎるものを減少させている。　　　　　　　　　　　　　よばれ方（　　　）　関連（　　　）

(3)　本来は生息していない地域へ，人間の活動により持ちこまれた生物が，従来からその地域に生息している生物をおびやかしている。　よばれ方（　　　）　関連（　　　）

(4)　大気中に排出された窒素酸化物や硫黄酸化物が雨にとけこみ，強い酸性になって，降ってくる。　　　　　　　　　　　　　　　　よばれ方（　　　）　関連（　　　）

(5)　二酸化炭素の増加を原因の1つとして，地球の平均気温が上昇している。
　　　　　　　　　　　　　　　　　　　　　　　よばれ方（　　　）　関連（　　　）

　ア　赤潮　　イ　外来生物　　ウ　オゾン層のオゾンの量の減少
　エ　地球温暖化　　オ　酸性雨
　カ　野外の金属の腐食　　キ　プランクトンの大発生　　ク　フロン類
　ケ　オオクチバス　　コ　温室効果ガス

4 科学技術の利用と環境保全について，次の問いに答えなさい。　　　　5点×7〔35点〕

(1)　蛍光灯は白熱電球と比べると，同じ明るさでも消費するエネルギーが少なく，省エネルギーな照明器具である。しかし，蛍光灯はある有害な物質を使用しており，その処理に課題がある。蛍光灯で使用している有害な物質とは何か。　　　　（　　　　　　　　）

(2)　(1)について，この有害な物質を使わない新たな照明器具の普及が現在進められている。発光ダイオードを使用した，新たな照明器具の名称を答えなさい。
　　　　　　　　　　　　　　　　　　　　　　　　　（　　　　　　　　）

(3)　資源の消費を減らし，くり返し利用することができるような社会のことを何とよぶか。
　　　　　　　　　　　　　　　　　　　　　　　　　（　　　　　　　　）

(4)　(3)の社会の実現のために有効な活動の1つである3Rとは何か。次の（　）にあてはまる言葉を答えなさい。
　　　　①（　　　　　　　）　②（　　　　　　　）　③（　　　　　　　）

　　　3Rとは，ごみの発生を抑制する活動である（　①　），中古商品を使うなどして再使用する活動である（　②　），ペットボトルなどを回収・再利用することで廃棄物を再資源化する活動である（　③　）のことである。

(5)　将来，資源が枯渇したり，エネルギーが不足したりすることがないように資源や環境を守りつつ，現在の生活を続けることができる社会を何とよぶか。
　　　　　　　　　　　　　　　　　　　　　　　　　（　　　　　　　　）

解答 p.16

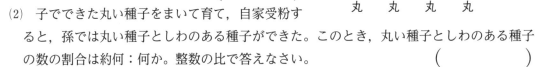

巻末特集

教科書で学習した内容の問題を解きましょう。

① 遺伝のしくみ [教] p.21~22　エンドウの種子の形には，「丸」と「しわ」の２種類がある。丸い種子をつくる純系としわのある種子をつくる純系を親としてかけ合わせたところ，子はすべて丸い種子になった。種子を丸くする遺伝子をＡ，種子をしわにする遺伝子をａとして，次の問いに答えなさい。

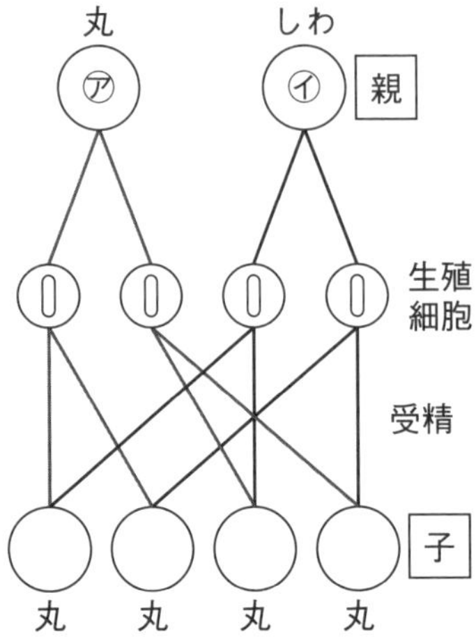

(1)　図の㋐，㋑にあてはまる遺伝子の組み合わせをそれぞれA，aを使って表しなさい。

㋐(　　　　　)
㋑(　　　　　)

(2)　子でできた丸い種子をまいて育て，自家受粉すると，孫では丸い種子としわのある種子ができた。このとき，丸い種子としわのある種子の数の割合は約何：何か。整数の比で答えなさい。(　　　　　)

(3)　孫の代で，種子が600個できたとすると，そのうち丸い種子は約何個できたと考えられるか。(2)の比を使って答えなさい。(　　　　　)

② 仕事の量 [教] p.212~213　下の図１，２のようにして，質量500gの物体Ａを30cmの高さまで引き上げる実験を行った。糸の質量や，摩擦力は考えないものとし，質量100gの物体にはたらく重力の大きさを１Nとして，あとの問いに答えなさい。

図１

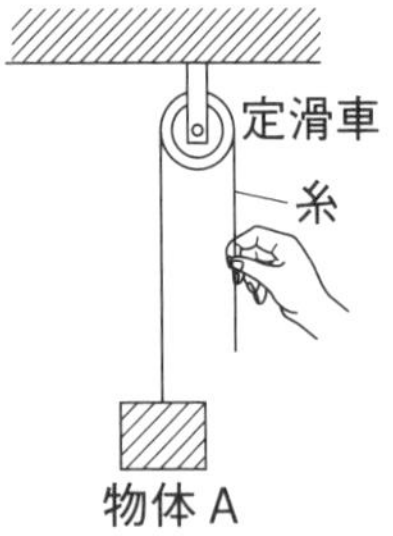

図２

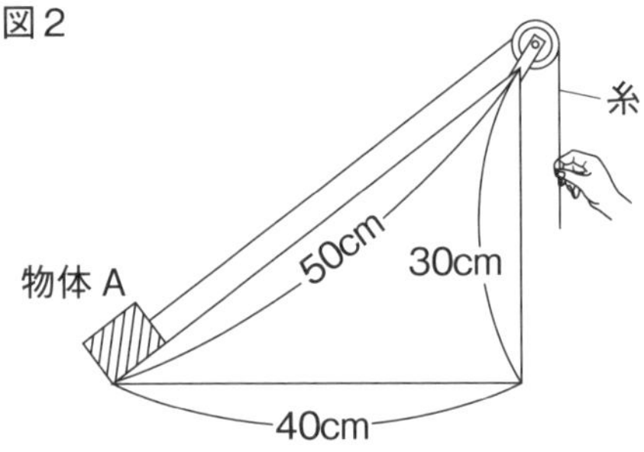

(1)　図１で，糸を30cmゆっくり引き下げたとき，手が物体Ａにした仕事の大きさは何Jか。
(　　　　　)

(2)　図２で，糸を50cmゆっくり引き下げたとき，何Nの力で糸を引いたか。
(　　　　　)

(3)　(2)のとき，糸を１秒間に５cmずつ引き下げた。このときの仕事率は何Wか。
(　　　　　)

(4)　物体Ａを30cmの高さまで引き上げるのに，図１では５秒，図２では10秒かかったとすると，図１の仕事率は図２の仕事率の何倍か。(　　　　　)

中間・期末の攻略本

取りはずして使えます！

解答と解説

啓林館版　理科3年

生命　生命の連続性

1章　生物のふえ方と成長

p.2～p.3　ココが要点

①無性生殖　②栄養生殖
③有性生殖　④生殖細胞　⑤受精
⑥発生　⑦柱頭　⑧花粉管
㋐柱頭　㋑めしべ　㋒おしべ
㋓精細胞　㋔卵細胞
⑨細胞分裂　⑩成長点　⑪根冠
㋕成長点　㋖根冠
⑫体細胞　⑬体細胞分裂　⑭染色体
㋗染色体
⑮染色液　⑯減数分裂

p.4～p.5　予想問題

1 (1)無性生殖　(2)栄養生殖
2 (1)生殖細胞　(2)精子
(3)受精　(4)受精卵
(5)有性生殖　(6)胚　(7)発生
3 (1)柱頭　(2)受粉　(3)花粉管
(4)精細胞　(5)卵細胞
(6)㋔種子　㋕果実
4 (1)㋐根冠　㋑成長点　(2)B　(3)㋑
(4)染色体
(5)酢酸オルセイン溶液
（酢酸カーミン溶液，酢酸ダーリア溶液）
5 (1)㋓→㋒→㋕→㋐→㋔→㋑
(2)①染色体　②2　③1　④体細胞分裂
(3)大きくなること
(4)減数分裂

解説

1 雌雄の親を必要としない生殖を，無性生殖という。単細胞生物は，体が2つに分かれることで新しい個体をふやすことが多い。無性生殖は，親の特徴がそのまま子に伝わるので，子の特徴は親の特徴と同じである。

2 (1)(3) **ポイント** 生殖のためにつくられる特別な細胞を，生殖細胞という。生殖細胞どうしの核が合体することを受精という。
(6)(7)受精卵は細胞の数をふやして胚になる。胚は成長して成体（生殖可能な個体）になる。この受精卵から成体になるまでの過程を，発生という。

3 被子植物では，柱頭についた花粉から胚珠に向かって花粉管がのびる。花粉管の中を移動してきた精細胞は，胚珠の中の卵細胞と受精し，受精卵ができる。受精卵は細胞の数をふやして胚になり，胚珠は種子に，子房は果実になる。

4 (1)根の先端を根冠（㋐）といい，根の成長点（㋑）を保護している。
(2)～(4)成長点では細胞分裂がさかんに起こっているので，細胞は小さく，数が多い。また，細胞の中に染色体が見られるものもある。
(5)酢酸オルセイン溶液，酢酸カーミン溶液，酢酸ダーリア溶液などの染色液は，核や染色体を染める。

5 (2)1つの細胞の染色体の数は，分裂前に2倍にふえ，分裂によって2つに分けられる。そのため，分裂の前後で1つの細胞の染色体の数は変わらない。このような分裂を体細胞分裂という。
(3)細胞分裂によってふえた細胞がそれぞれ大きくなることで，成長する。

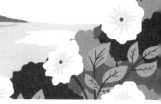

２章　遺伝の規則性と遺伝子
３章　生物の種類の多様性と進化

p.6～p.7 ココが要点

①遺伝　②遺伝子
③純系　④対立形質　⑤顕性形質
⑥潜性形質　⑦分離の法則
㋐丸　㋑丸　㋒しわ
⑧DNA　⑨（生物の）進化　⑩相同器官

p.8～p.9 予想問題

[1] (1)形質　(2)遺伝　(3)対立形質
(4)（核内の）染色体　(5)イ
[2] (1)減数分裂　(2)ウ　(3)ウ
[3] (1)分離の法則　(2)顕性形質
(3)ア　(4)㋐TT　㋑Tt
(5)㋐高い　㋑高い　(6)3：1
(7)DNA
[4] (1)相同器官　(2)進化
(3)水中から陸上　(4)は虫類

[解説]

[1] (1)(2)生物がもつ形や性質などの特徴を形質といい，形質が子やそれ以後の世代に現れることを遺伝という。
(4)遺伝子は，細胞の核内にある染色体にふくまれている。遺伝子が伝わることで，形質が遺伝する。
(5) [ポイント] 有性生殖では，受精によって，両親の遺伝子を半分ずつ受けついだ受精卵ができる。そのため，子に現れる形質は，一方の親と同じであったり，どちらの親とも異なっていたりする。
[2] (1)(2)Aの細胞分裂は，どちらも細胞の染色体の数が半分になっているので，減数分裂である。減数分裂によって染色体の数が半分になっている生殖細胞どうしが受精することによって，受精卵の染色体の数は親の染色体の数と同じになる。
(3)動物の有性生殖では，減数分裂によってできた卵と精子が受精することで，両親の遺伝子を半分ずつ受けついだ受精卵ができる。
[3] (1)減数分裂によって生殖細胞がつくられるとき，対になっている遺伝子が分かれて別々の生殖細胞に入る。このことを分離の法則という。図１では，分離の法則の結果，たけの高いTTの組み合わせの遺伝子をもつ親からできた生殖細胞はTの遺伝子をもち，たけの低いttの組み合わせの遺伝子をもつ親からできた生殖細胞はtの遺伝子をもつ。
(2)Tの遺伝子をもつ生殖細胞とtの遺伝子をもつ生殖細胞が受精するので，受精卵の遺伝子の組み合わせはTtとなる。顕性形質の遺伝子をもつ場合，顕性形質が現れ，潜性形質は現れない。
(3)遺伝子が「Tt」の場合にTの「高い」形質のほうが現れているので，たけの高いほうが顕性形質であることがわかる。
(4)(5)孫㋐は，両方からTを受けついでいるので，遺伝子の組み合せはTTとなり，たけが高くなる。孫㋑は，一方からtを受けつぎ，もう一方からTを受けついでいるので，遺伝子の組み合わせはTtとなり，たけが高くなる。
(6)孫では，遺伝子の組み合わせが，
TT：Tt：tt＝１：２：１の割合で現れることがわかる。TTとTtはたけが高くなり，ttはたけが低くなるので，高い：低い＝３：１となる。
[4] (1)(2)現在の形やはたらきが異なっていても，基本的なつくりが同じで，起源は同じものであると考えられる器官を，相同器官という。相同器官の存在は，生物の進化の証拠の１つとして考えられている。
(3)脊椎動物は，魚類，両生類，は虫類，哺乳類，鳥類の順に出現し，水中から浅瀬，陸上へと生活場所が広がったと考えられている。
(4)シソチョウの口には歯があり，翼の先には爪がある。これらは，は虫類の特徴である。シソチョウの存在も，生物の進化の証拠の１つとして考えられている。

地球　宇宙を観る

1章　地球から宇宙へ

p.10～p.11　ココが要点

①恒星　②黒点　③プロミネンス（紅炎）
④コロナ　⑤（地球の）自転
⑥（地球の）公転　⑦惑星
㋐地球
⑧太陽系　⑨地球型惑星
⑩木星型惑星
⑪小惑星　⑫衛星
㋑水星　㋒金星　㋓火星　㋔木星　㋕土星
⑬等級　⑭銀河系（天の川銀河）
㋖10万

p.12～p.13　予想問題

[1] (1)㋑　(2)黒点
(3)低い。
(4)太陽が自転をしているから。

[2] (1)A…プロミネンス（紅炎）　B…コロナ
(2)恒星　(3)イ　(4)球形
(5)公転

[3] (1)太陽系　(2)惑星
(3)A…水星　H…海王星
(4)A～D…地球型惑星
E～H…木星型惑星
(5)木星型惑星　(6)地球型惑星
(7)すい星　(8)小惑星
(9)太陽系外縁天体　(10)衛星

[4] (1)銀河系（天の川銀河）
(2)天の川　(3)星雲
(4)1光年　(5)銀河

解説

[1] (1)太陽は東から西に動いていくので，像のずれ動く方向が西である。
(4)太陽は自転しているため，黒点の位置は少しずつ移動し，約27～30日で1周する。

[2] (1)炎のようなガスの動き（A）をプロミネンス（紅炎）といい，太陽をとり巻く高温のガス（B）をコロナという。
(3)太陽はガス（気体）のかたまりで，おもに水素とヘリウムからできている。
(5)地球が太陽のまわりを1年で1周することを地球の公転といい，その周期を公転周期という。

[3] (1)(2)太陽系には8つの惑星があり，太陽に近いものから水星，金星，地球，火星，木星，土星，天王星，海王星という。
(4)～(6) [ポイント] 太陽に近い水星，金星，地球，火星の4つの惑星をまとめて地球型惑星という。地球型惑星は，表面が岩石でできていて，内部は金属でできていると考えられている。そのため，質量は小さいが，平均密度が大きい。木星，土星，天王星，海王星の4つの惑星をまとめて木星型惑星という。木星型惑星は，軽い物質からできていると考えられている。そのため，質量は大きいが，平均密度が小さい。
(7)すい星は，氷やちりが集まってできていて，太陽のまわりを細長いだ円軌道で公転している。太陽に近づくとガスやちりを放出し，尾をつくることがある。放出されたちりが地球の大気と衝突すると，流星として観測できる。
(8)小惑星の多くは，火星と木星の間にある。形も軌道もさまざまで，いん石となって地球に落下することもある。
(9)海王星よりも外側を公転する冥王星やエリスなどを，太陽系外縁天体という。

[4] 銀河系には，約2000億個の恒星が集まっている。太陽系は銀河系に属し，銀河には星団（恒星の集団）や星雲（雲のようなガスの集まり）もふくまれている。地球から銀河系の中心を見ると，恒星の集まりが天の川として見られる。

2章　太陽と恒星の動き

p.14～p.15　ココが要点

①天の子午線　②(太陽の)南中　③南中高度
㋐南中高度
④日周運動　⑤地軸
㋑春分　㋒夏至　㋓秋分
⑥天球　⑦天の北極
㋔東　㋕南　㋖西　㋗北
⑧黄道　⑨(星座の星の)年周運動

p.16～p.17　予想問題

[1] (1)O　(2)O　(3)C　(4)南中高度
(5)天の子午線　(6)ウ

[2] (1)A　(2)D　(3)夜間　(4)A
(5)イ，エ　(6)ウ，エ

[3] (1)㋒　(2)㋑　(3)D　(4)冬至
(5)日の入り　(6)15時間
(7)㋑　(8)秋分　(9)イ

解説

[1] (1)(2) ポイント フェルトペンの先の影が，点Oにくる位置に印をつける。そうすることで，太陽とペンの先と点Oが一直線になり，点Oから見える太陽の方向に印をつけたことになる。透明半球の中心である点Oは，観測者の位置を表している。

(3)太陽は，東から出て，南の空を通って西に沈むため，Aが南，Bが東，Cが北，Dが西であることがわかる。

(4)(5)高度は，天体の方位での，地平線からの角度で表す。太陽が天の子午線を通過するとき，太陽は南中するといい，このときの高度(∠AOQ)を南中高度という。

(6)太陽は天球上を規則正しく動いて見える。8時の点から点Bまでの長さは，8時の点から10時の点までの長さとほとんど同じであることから，日の出の時刻は8時の約2時間前であると考えられる。

[2] (1)(2)Aでは北極側が太陽の方向に傾いているので，夏至であることがわかる。Bは秋分，Cは冬至，Dは春分の地球の位置である。

(3)(4) ミス注意! 冬至は，北極側が太陽と反対方向に傾くため，南中高度は低くなり，昼間の長さは短く，夜間の長さは長くなる。反対に，夏至は，北極側が太陽の方向に傾くため，南中高度は高くなり，昼間の長さは長く，夜間の長さは短くなる。

(5)(6)地球が，地軸を公転面に垂直な方向に対して約23.4°傾けたまま公転するため，地球と太陽の位置関係によって南中高度や昼間の長さが変わり，四季の変化が生じる。

[3] (1)真東から出て真西に沈む㋑が春分や秋分のようすである。北よりから出て北よりに沈む㋒は夏至，南よりから出て南よりに沈む㋐は冬至のようすである。

(2)春分や秋分に，昼間と夜間の長さがほぼ等しくなる。

(3)(4)Aは春分，Bは夏至，Cは秋分，Dは冬至の南中高度を表している。

(5)グラフの時刻から判断できる。aは日の入り，bは日の出の時刻である。

(6)図3の②のとき，日の出が4時ごろで，日の入りが19時ごろなので，昼間の長さは，
19－4＝15〔時間〕

(7)(8)図3では，昼間の長い②が夏至，昼間の短い④が冬至で，昼間と夜間の長さがほぼ等しくなる①が春分，③が秋分である。

(9)北半球の日本で太陽の南中高度が高く，昼間が長くなると，南半球では太陽の高度が低く，昼間が短くなる。したがって，日本の夏至には，南半球での太陽の高度はもっとも低くなる。

p.18～p.19　予想問題

[1] (1)天の北極　(2)北極星　(3)b
(4)2時間　(5)エ

[2] (1)㋒　(2)㋓　(3)イ　(4)㋒

[3] (1)オリオン座　(2)東　(3)㋑　(4)30°
(5)公転　(6)年周運動　(7)できない。

[4] (1)黄道　(2)公転　(3)㋐　(4)㋑

解説

[1] (1)～(3)カシオペヤ座は北の空に見られる。北の空の星は，北極星付近(天の北極)を中心として，反時計回りに回転して見える。

(4)(5)星は1日(24時間)で約1回転して見えるので，1時間では，
360〔°〕÷24＝15〔°〕　より，15°回転して見え

る。よって，30° 回転するのにかかる時間は，約２時間である。

[2] ⑴〜⑶北半球にある日本で観測すると，東の空の星は，南に向かって上がっていくように，右上がりに動いて見える (㋓)。南の空の星は，東から西へ，右向きに動いて見える (㋑)。西の空は，南の高いところから沈んでいくように，右下がりに動いて見える (㋐)。北の空の星は，天の北極を中心に，反時計回りに動いて見える (㋒)。

⑷ [参考] 南半球にあるオーストラリアで観測すると，太陽や星は，天の南極を中心に回転して見える。そのため，太陽は東から出て北の空を通って西に沈むように動いて見える。東の空の星は，北に向かって上がっていくように，左上がりに動いて見える (㋐)。北の空の星は，東から西へ，左向きに動いて見える (㋑)。西の空は，北の高いところから沈んでいくように，左下がりに動いて見える (㋓)。

南の空の星は，天の南極を中心に，時計回りに動いて見える (㋒)。

[3] ⑵日本で見られる太陽や星は，東からのぼり，南の空を通って西に沈む。

⑶〜⑹同じ時刻に観測を続けると，星は１日に１° 西へ移動していく。これは，１年を周期とした地球の公転による星の見かけの動きで，星の年周運動という。１年 (12か月) で天球上を１周 (360°) するように見えるので，１か月では，

360〔°〕÷ 12 = 30〔°〕

となり，約30° 移動して見える。

⑺夏 (６月) の同じ時刻には，オリオン座は地平線の下にあるため，観測することはできない。

[4] ⑴星座の位置を基準にしたとき，地球から見た太陽は，星座の中を動いていくように見える。このときの太陽の通り道を，黄道という。

⑵地球が１年で１回太陽のまわりを公転しているので，太陽が黄道上を１年かけて１周するように見える。

⑷地球から見て太陽の方向にある星座は，見ることができない。

３章　月と金星の動きと見え方

p.20 〜 p.21 ココが要点

㋐満月　㋑新月　㋒三日月

①日食　②部分日食　③皆既日食　④金環日食

⑤月食　⑥部分月食　⑦皆既月食

㋓夕方　㋔明け方

p.22 〜 p.23 予想問題

[1] ⑴400倍

⑵公転

⑶㋐A　㋑G　㋒F

⑷C

⑸右図

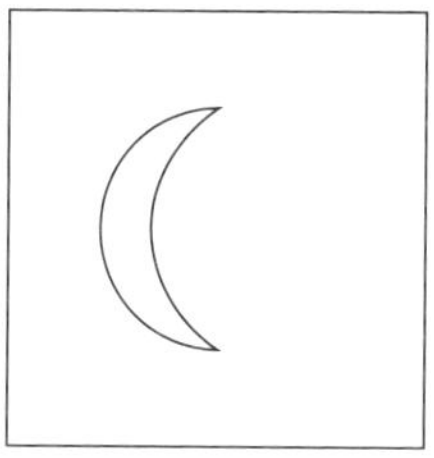

⑹E　⑺A

⑻太陽，月，地球がこの順に一直線上に並び，太陽が月にかくされることで起こる。

[2] ⑴b　⑵金星　⑶㋐G　㋑F　㋒B

⑷㋐明け方　㋑夕方　㋒明け方

⑸オ　⑹D　⑺F

[3] ①○　②×　③×　④○　⑤○

[解説]

[1] ⑴ [参考] 太陽の半径は月の半径の約400倍もあるが，地球から太陽までの距離が地球から月までの距離の約400倍もある。そのため，地球から見た太陽と月の大きさは，ほぼ同じに見える。

⑵月が地球のまわりを公転することによって，太陽，月，地球の位置関係が変化する。それにともない，地球から見える月のかがやいている部分が変化し，月の形が変化して見える。

⑶ [ミス注意!] ㋐は満月，㋑は上弦の月，㋒は三日月である。図１のAは満月，Cは下弦の月，Eは新月，Fは三日月，Gは上弦の月である。

⑸Dのときの月は，Cの下弦の月とEの新月の間の形をしている。

⑹日食は，太陽，月，地球がこの順に一直線上に並んだときに起こる。太陽の方向にある月は，新月である。日食が起こるのは新月のときであるが，新月のときに必ず日食が起こるわけではない。

⑺月食は，太陽，地球，月がこの順に一直線上に並んだときに起こる。太陽と反対方向にある

月は，満月である。月食が起こるのは満月のときであるが，満月のときに必ず月食が起こるわけではない。

(8) [ポイント] 日食は，太陽の全体または一部が月にかくされて見えなくなる現象である。月食は，月の全体または一部が地球の影に入る現象である。

2 (1)(2)地球の自転の向き，地球やほかの惑星の公転の向きはすべて同じで，北極側から見ると反時計回りである。また，公転周期は，太陽に近い惑星ほど短い。

(3)金星は，地球に近づくほど大きく見える。また，地球に近いほど細長く，地球から離れるほど丸く見える。B～Dの位置にある金星は右側がかがやいて見え，F～Hは左側がかがやいて見える。㋐のように，左半分がかがやいて見えるのは，Gの位置にあるときである。また，㋑のように左側が細長く大きく見えるのは，Fの位置にあるときである。㋒のように，右側がかがやき，やや小さく丸く見えるのは，Bの位置にあるときである。

(4)A～Dの金星は，右側がかがやき，夕方の西の空に見られる。F～Hの金星は，左側がかがやき，明け方の東の空に見られる。

3 ①②日食は新月のときに，月食は満月のときに起こる。

③月食は，太陽，地球，月の順に一直線上に並んだときに起こり，日食は太陽，月，地球の順に一直線上に並んだときに起こる。

④⑤ [ポイント] 金星は地球よりも太陽の近くを公転しているため，地球から見て太陽から大きく離れることがない。そのため，夕方の西の空か，明け方の東の空にだけ見られる。また，地球から見て太陽と反対の方向に位置することがないので，真夜中に見られることはない。

物質　化学変化とイオン

1章　水溶液とイオン

p.24～p.25 ココが要点

①電解質　②非電解質　③銅　④塩素　⑤水素
⑥原子核　⑦陽子　⑧中性子　⑨電子
⑩同位体
㋐電子　㋑陽子　㋒中性子
⑪イオン　⑫陽イオン　⑬陰イオン
㋓H^+　㋔Cu^{2+}　㋕Cl^-　㋖OH^-
⑭電離

p.26～p.27 予想問題

1 (1)イ，ウ
(2)塩酸，水酸化ナトリウム水溶液，
塩化ナトリウム水溶液，塩化銅水溶液
(3)ウ

2 (1)－極
(2)陰極…銅　陽極…塩素
(3)$CuCl_2 \longrightarrow Cu + Cl_2$
(4)電気分解

3 (1)電極A…ウ　電極B…ウ
(2)漂白作用

4 (1)㋐陽子　㋑中性子　㋒電子
(2)原子核　(3)同位体

5 (1)電離
(2)銅イオン…銅原子が電子を2個失ってできる。
塩化物イオン…塩素原子が電子を1個受けとってできる。
(3)①H^+　②OH^-
(4)㋐塩化ナトリウム　㋑硫酸
(5)①$HCl \longrightarrow H^+ + Cl^-$
②$CuCl_2 \longrightarrow Cu^{2+} + 2Cl^-$
③$CuSO_4 \longrightarrow Cu^{2+} + SO_4^{2-}$

[解説]

1 (1) [ポイント] 調べる液体が混ざらないように，1つの液体を調べるごとに，電極を蒸留水で洗う。また，わずかな電流しか流れない場合，モーターが回転しないこともあるので，電流計の針が振れるかどうかにも注目する。

(2)(3)水にとけたときに，その水溶液に電流が流

れる物質を電解質という。塩化水素（水溶液は塩酸），水酸化ナトリウム，塩化ナトリウム，塩化銅は電解質である。砂糖やエタノールは非電解質である。蒸留水には電流は流れない。

[2] (1) ミス注意! 電源装置の＋極に接続した電極を陽極，－極に接続した電極を陰極という。

(2)～(4)塩化銅水溶液を電気分解すると，陰極の表面には赤色の銅が付着し，陽極付近からは塩素が発生する。

[3] 塩酸を電気分解すると，陰極（電極A）付近から水素が，陽極（電極B）付近から塩素が発生する。水素はよく燃える気体なので，陰極側にたまった気体に火を近づけると，ポンと音を立てて燃える。塩素はプールの消毒をするときのにおいがする，黄緑色で有毒な気体である。また，塩素には漂白作用があるので，陽極側の液を赤インクで着色した水に入れると，インクの色が消える。

[4] ポイント 原子は，＋の電気をもった原子核と－の電気をもった電子でできている。原子核は，＋の電気をもった陽子と，電気をもたない中性子でできている。原子の中の陽子の数と電子の数は等しく，陽子1個がもつ＋の電気の量と電子1個がもつ－の電気の量は等しいので，原子全体としては電気的に中性である。

[5] (2)原子が電子を失って＋の電気を帯びたものを陽イオンという。原子が電子を受けとって－の電気を帯びたものを陰イオンという。銅イオンは，銅原子が電子を2個失って，2価の陽イオンになったものである。塩化物イオンは，塩素原子が電子を1個受けとって，1価の陰イオンになったものである。

(4)㋐塩化ナトリウム（NaCl）がナトリウムイオンと塩化物イオンに電離している。

㋑硫酸（H_2SO_4）が水素イオンと硫酸イオンに電離している。

(5)①塩化水素が水素イオンと塩化物イオンに電離している。

② ミス注意! 塩化銅（$CuCl_2$）が銅イオン1個と塩化物イオン2個に電離している。

③硫酸銅が銅イオンと硫酸イオンに電離している。

2章　電池とイオン

p.28～p.29　ココが要点

①銀　②銅イオン　③銅　④亜鉛
⑤電気エネルギー　⑥電池（化学電池）
⑦ダニエル電池　⑧一次電池
⑨二次電池　⑩燃料電池

p.30～p.31　予想問題

[1] (1)銀原子
(2)銅原子が電子を2個失って銅イオンに変化した。
(3)$2Ag^{+} + Cu \longrightarrow 2Ag + Cu^{2+}$
(4)起こらない。　(5)銅

[2] (1)亜鉛　(2)ア　(3)㋐，㋑，㋓
(4)マグネシウム→亜鉛→銅

[3] (1)亜鉛板…ア　銅板…イ
(2)亜鉛板…$Zn \longrightarrow Zn^{2+} + 2e^{-}$
銅板…$Cu^{2+} + 2e^{-} \longrightarrow Cu$
(3)電池（化学電池）　(4)a　(5)銅板

[4] (1)①化学　②電気　③燃料　④水素
⑤水
(2)$2H_2 + O_2 \longrightarrow 2H_2O$
(3)ア

解説

[1] (1)(2)金属は種類によってイオンへのなりやすさがちがう。硝酸銀水溶液に銅線（銅原子）を入れると，銅原子が電子を失って銅イオンに変化する。このとき，水溶液中の銀イオンが電子を受けとり，銀原子に変化する。

(3)銀イオンが銀原子に変化する化学反応式は，
$Ag^{+} + e^{-} \longrightarrow Ag$…①
銅原子が銅イオンに変化する化学反応式は
$Cu \longrightarrow Cu^{2+} + 2e^{-}$…②
と表せる。①と②で受けとった電子の数と失った電子の数を同じにする。

[2] (2) ポイント 赤色の固体は銅である。マグネシウム原子がマグネシウムイオンに変化するときに失う電子を，硫酸銅水溶液中の銅イオンが受けとって銅原子になっている。

(4)㋐と㋒から亜鉛よりもマグネシウムのほうがイオンになりやすいことがわかる。㋓と㋕から銅よりも亜鉛のほうがイオンになりやすいこと

がわかる。

3 (1)(2)ダニエル電池では，亜鉛板で亜鉛原子が電子を失い亜鉛イオンになってとけ出す。そのため，亜鉛板の表面がぼろぼろになる。亜鉛原子が失った電子は，導線を通って銅板に移動し，銅板の表面で銅イオンに受けとられる。電子を受けとった銅イオンは銅原子に変化し銅板に付着する。

(3)ダニエル電池のように物質のもっている化学エネルギーを化学変化によって電気エネルギーに変換してとり出す装置を電池（化学電池）という。

(4)(5)電流の流れる向きは，電子の移動の向きと逆向きである。また，電流の向きから，銅板が＋極である。

4 (1)水の電気分解では，水に電気エネルギーを加えて，水素と酸素に分解している。燃料電池では，水素と酸素を化学変化させて電気エネルギーをとり出している。燃料電池の反応では，水だけが生じて，有害な排出ガスが出ない。また，水素を供給し続ければ，継続して電気エネルギーをとり出せる。

(2)燃料電池では，水の電気分解

$$2H_2O \longrightarrow 2H_2 + O_2$$

と逆の化学変化が起こっている。

(3)二次電池とは，充電することでくり返し使うことができる電池のことである。ニッケル水素電池やリチウムイオン電池，鉛蓄電池などがある。充電することができない使い切りタイプの電池は，一次電池という。マンガン乾電池，アルカリマンガン乾電池，空気亜鉛電池，リチウム電池などがある。電池内部での化学変化によって，物質がもっている化学エネルギーを電気エネルギーに変換して，電流をとり出すことを放電という。

3章　酸・アルカリと塩

p.32 〜 p.33 ココ が 要点
㋐黄　㋑青　㋒青　㋓水素　㋔赤
①酸　②アルカリ　③pH　④水素　⑤中和
⑥水　⑦塩

p.34 〜 p.35 予想問題

1 (1)A，D，F　　(2)酸性　　(3)黄色
(4)水素イオン　　(5)B，C，E
(6)アルカリ性　　(7)青色
(8)水酸化物イオン
(9)A，D，F　　(10)イ　　(11)水素

2 (1)ア　　(2)陰極側　　(3)＋の電気
(4)H^+　　(5)ウ　　(6)陽極側
(7)−の電気　　(8)OH^-

3 ①$HCl \longrightarrow H^+ + Cl^-$
②$KOH \longrightarrow K^+ + OH^-$
③$H_2SO_4 \longrightarrow 2H^+ + SO_4^{2-}$
④$HNO_3 \longrightarrow H^+ + NO_3^-$
⑤$Ba(OH)_2 \longrightarrow Ba^{2+} + 2OH^-$
⑥$NaOH \longrightarrow Na^+ + OH^-$

解説

1 (1)〜(4)青色リトマス紙を赤色に変えるのは，酸性の水溶液の性質である。酸性の水溶液は，緑色のBTB溶液を黄色に変える。また共通して水素イオン（H^+）がふくまれている。

(5)〜(8)赤色リトマス紙を青色に変えるのは，アルカリ性の水溶液の性質である。アルカリ性の水溶液は，緑色のBTB溶液を青色に変える。また共通して水酸化物イオン（OH^-）がふくまれている。

(9)〜(11)酸性の水溶液にマグネシウムリボンを入れると，水素が発生する。水素は燃える気体なので，マッチの火を近づけると，音を立てて燃える。

2 (1)〜(4)pH試験紙の陰極側が赤色に変化することから，酸性の性質を示すものは，＋の電気を帯びた水素イオンであることがわかる。塩化水素のように，電離して水素イオンを生じる物質を，酸という。

(5)〜(8)pH試験紙の陽極側が青色に変化することから，アルカリ性の性質を示すものは，−の

電気を帯びた水酸化物イオンであることがわかる。水酸化ナトリウムのように，電離して水酸化物イオンを生じる物質をアルカリという。

3 ①塩化水素は，水素イオンと塩化物イオンに電離する。
②水酸化カリウムは，カリウムイオンと水酸化物イオンに電離する。
③硫酸は,水素イオンと硫酸イオンに電離する。水素イオンの数に注意すること。
④硝酸は,水素イオンと硝酸イオンに電離する。
⑤水酸化バリウムは，バリウムイオンと水酸化物イオンに電離する。水酸化物イオンの数に注意すること。
⑥水酸化ナトリウムは，ナトリウムイオンと水酸化物イオンに電離する。

p.36～p.37 予想問題

1 (1)$H_2SO_4 + Ba(OH)_2 \longrightarrow BaSO_4 + 2H_2O$
(2)×
(3)$HCl + NaOH \longrightarrow NaCl + H_2O$

2 (1)㋐青色　㋒黄色　(2)中性
(3)硫酸バリウム　(4)エ
(5)アルカリの陽イオンと酸の陰イオン
(6)①水素イオン　②水酸化物イオン
③水

3 (1)アルカリ性　(2)ウ　(3)アルカリ性
(4)㋑　(5)中性　(6)㋒　(7)酸性
(8)$Na^+ + Cl^- \longrightarrow NaCl$
(9)塩化ナトリウム
(10)ナトリウムイオン

解説

1 (1)うすい硫酸とうすい水酸化バリウム水溶液を混ぜると，中和が起こる。
(2) ミス注意! 酸性の水溶液にマグネシウムリボンを入れると水素が発生するが，アルカリ性の水溶液にマグネシウムリボンを入れても反応しない。
(3)うすい塩酸とうすい水酸化ナトリウム水溶液を混ぜると，中和が起こる。

2 (1)(2)アルカリ性の水溶液に酸性の水溶液を加えた結果，㋑のときに緑色（中性）になったことから，㋐はアルカリ性，㋒は酸性であることがわかる。
(3)～(5) ポイント 水酸化バリウム水溶液に硫酸を加えると,硫酸バリウムの白い沈殿が生じる。硫酸バリウムは，水酸化バリウム（アルカリ）の陽イオンであるバリウムイオンと，硫酸（酸）の陰イオンである硫酸イオンが結びついてできた，水にとけにくい塩である。
(6)酸の陽イオンである水素イオンとアルカリの陰イオンである水酸化物イオンが結びついて水ができ，酸とアルカリがたがいの性質を打ち消し合う反応を中和という。中和が起こるとき，塩もできる。

3 (1)水溶液中に水酸化物イオンがあるので，アルカリ性である。
(2)アルカリ性の水溶液に酸性の水溶液を加えているので，中和が起こっている。
(3) ミス注意! 水溶液中に水酸化物イオンが残っているので，アルカリ性である。中和が起こると必ず中性になるわけではない。
(4)アルカリ性の水溶液に酸性の水溶液を加えたので，中和が起こっている。Bの水溶液中の水酸化物イオン1個と加えた水素イオン1個が反応して水分子が1個できている。塩化物イオンは1個ふえ，ナトリウムイオンの数は変化しない。
(5)水溶液中に水酸化物イオンも水素イオンもないので，中性である。
(6)中性の水溶液に酸性の水溶液を加えても，中和は起こらない。水素イオンと塩化物イオンがそのまま水溶液中に残る。
(7)水溶液中に水素イオンが残っているので，酸性である。
(8)(9)水酸化ナトリウム水溶液中のナトリウムイオンと塩酸中の塩化物イオンが結びつくと，塩化ナトリウムという塩ができる。塩化ナトリウムは水にとけやすく，水溶液中では電離している。水溶液の水を蒸発させると，塩化ナトリウムをとり出すことができる。
(10)図から，ナトリウムイオンの数は水溶液中で変化していないことがわかる。

エネルギー　運動とエネルギー

1章　力の合成と分解

p.38～p.39 ココが要点

①水圧　②浮力
㋐浮力　㋑浮力
③力の合成　④合力
⑤力の平行四辺形の法則
⑥力の分解　⑦分力

p.40～p.41 予想問題

[1] (1)水圧　(2)A　(3)C
(4)ア，ウ

[2] (1)浮力　(2)㋐0.6N　㋑0.6N
(3)イ
(4)物体にはたらく重力よりも浮力のほうが大きいとき。

[3] (1)

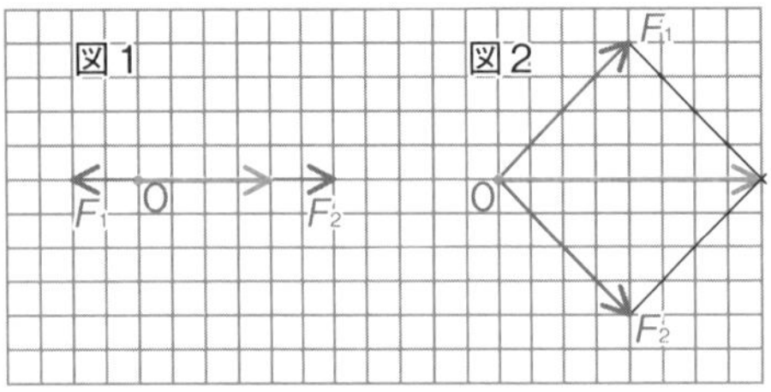

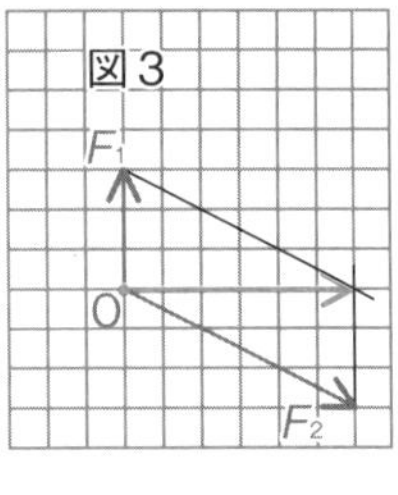

(2)図1…4N　図2…8N　図3…6N

[4] (1)平行四辺形の対角線
(2)

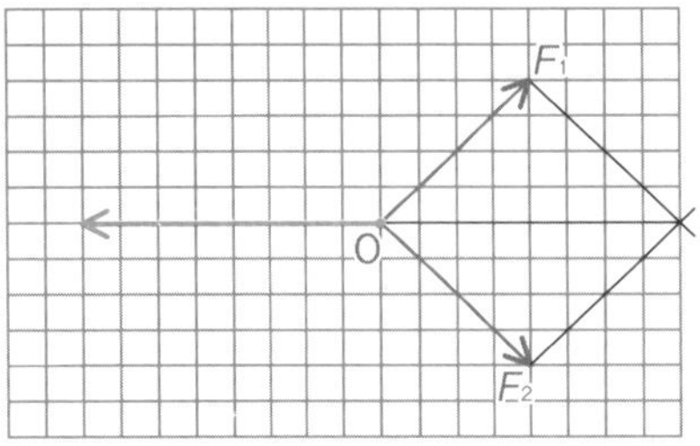

[5] 図1　図2

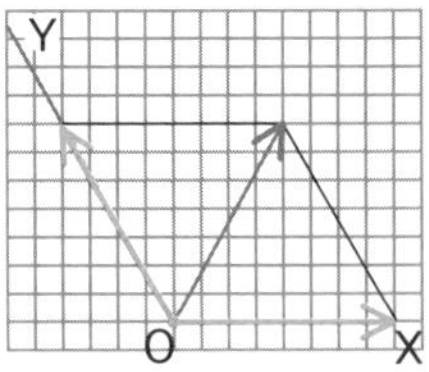

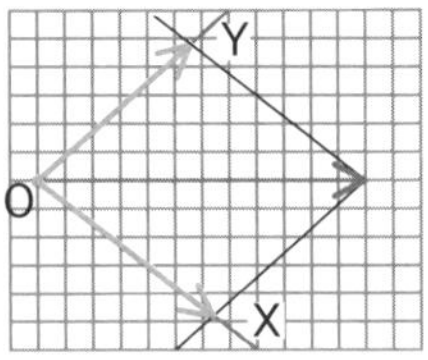

解説

[1] (1)(4)水の重さによって生じる圧力を水圧という。水圧は,あらゆる向きからはたらいている。
(2)(3)水圧は，水面から深いほど大きい。

[2] (1)(3)水中にある物体にはたらく，重力と反対向き（上向き）の力を浮力という。浮力は，物体の上面と下面にはたらく水圧の差によって生じるので，深さには関係がない。
(2)物体が空気中にあるときにばねばかりが示す値と物体が水中にあるときにばねばかりが示す値の差が浮力である。
1.5〔N〕－0.9〔N〕＝0.6〔N〕
(4)物体にはたらく重力と浮力の関係が正しく書けていれば正解である。

[3] 図1…一直線上で反対向きの2力なので，合力の大きさは2力の差になる。点Oから，力の大きいF_2のほうへ，4目盛り分の長さの矢印をかけばよい。
図2，図3…力の平行四辺形の法則にしたがって平行四辺形を作図し，その対角線が合力となる。目盛りを読みとると合力の大きさがわかる。

[4] 2力F_1,F_2を合成して合力を求める。その後，求めた合力とつり合う力をかく。

[5] 力の矢印が対角線となるような平行四辺形を作図する。その際に，2辺の方向がXとYの方向になるようにする。

2章　物体の運動

p.42～p.43　ココが要点

①速さ　②キロメートル毎時　③平均の速さ
④瞬間の速さ　⑤記録タイマー
⑥等速直線運動　⑦慣性の法則　⑧慣性
㋐垂直抗力
⑨自由落下　⑩反作用
⑪作用・反作用の法則

p.44～p.45　予想問題

[1]　(1)図４　(2)図５　(3)大きい。
[2]　(1)①75m　②10s　③7.5m/s
(2)メートル毎秒
(3)0.8m/s　(4)2.88km/h
(5)①平均の速さ　②瞬間の速さ
[3]　(1)B　(2)D　(3)52cm/s
(4)しだいに大きくなっている。
[4]　(1)60回　(2)30cm/s
(3)大きくした。
(4)大きくなる。　(5)70cm/s
(6)大きくなる。　(7)摩擦力
(8)自由落下

解説

[1]　(1) [ポイント] 図で，ボールとボールの間隔が一定であるとき，ボールは一定の速さで運動している。
(2)図で，ボールとボールの間隔が広いところほどボールの速さが大きい。ＢよりもＡのほうが間隔が広くなっているものを選ぶ。

[2]　(3) $\dfrac{8〔\mathrm{m}〕}{10〔\mathrm{s}〕}=0.8〔\mathrm{m/s}〕$

(4) 1h ＝ 3600s より，$10\mathrm{s}=\dfrac{1}{360}\mathrm{h}$
また，8m ＝ 0.008km なので
$0.008〔\mathrm{km}〕\div\dfrac{1}{360}〔\mathrm{h}〕=2.88〔\mathrm{km/h}〕$

[3]　(1)打点がはっきりと判別できるＢ点から調べる。
(3) $\dfrac{5.2〔\mathrm{cm}〕}{0.1〔\mathrm{s}〕}=52〔\mathrm{cm/s}〕$

[4]　(1)図より，0.1秒間に６回打点していることがわかる。つまり，１秒間に60回打点する。
(2)0.1秒間に３cm移動しているので，速さは，
$\dfrac{3〔\mathrm{cm}〕}{0.1〔\mathrm{s}〕}=30〔\mathrm{cm/s}〕$
(5)0.1秒間に７cm移動しているので，速さは，
$\dfrac{7〔\mathrm{cm}〕}{0.1〔\mathrm{s}〕}=70〔\mathrm{cm/s}〕$
(6)運動の向きに一定の大きさの力がはたらき続けるので，物体の速さは一定の割合で大きくなっていく。
(7)摩擦力は，物体の運動とは反対向きにはたらく力である。運動とは反対向きに力がはたらき続けると，物体の速さはしだいに小さくなっていき，やがて止まる。

p.46～p.47　予想問題

[1]　(1)100cm/s　(2)100cm/s
(3)㋑　(4)㋐　(5)等速直線運動
(6)①速さ　②時間
[2]　(1)慣性の法則　(2)慣性
(3)イ，ウ
[3]　(1)㋐ア　㋑イ
(2)㋐イ　㋑ア
(3)変わらない。
[4]　(1)ウ　(2)ア
(3)ボートＢがオール（ボートＡ）を押し返す力。

解説

[1]　(1) $\dfrac{20〔\mathrm{cm}〕}{0.2〔\mathrm{s}〕}=100〔\mathrm{cm/s}〕$

(2) $\dfrac{40〔\mathrm{cm}〕}{0.4〔\mathrm{s}〕}=100〔\mathrm{cm/s}〕$

(3)～(5)等速直線運動では，速さが一定なので，(3)のグラフは水平な直線になる。
[ポイント] 等速直線運動では，移動距離は経過した時間に比例する。そのため，(4)のグラフは原点を通り，右上がりの直線になる。

[2]　(3)バスが発進すると，バスの中にいる人はその場所にとどまろうとするので，進行方向とは反対方向に体が傾く。また，バスが停車すると，バスの中の人は進行方向に進み続けようとするので，体は進行方向に傾く。

[3]　(2)斜面上の物体にはたらく重力は，斜面に垂直な分力と斜面に平行な分力に分けることがで

きる。台車は斜面に平行な分力によって，斜面を下る。斜面の傾きを大きくすると，重力の大きさは変わらず，斜面に平行な分力が大きくなり，台車の運動の向きにはより大きな力がはたらく。

[4] [ポイント] ボートA（オール）がボートBを押したとき，ボートBからボートA（オール）に押し返す力が同時にはたらく。そのため，ボートAは右に動き，ボートBは左に動く。オールがボートBを押す力を作用とすると，ボートBがオールを押し返す力を反作用といい，作用とは大きさが等しく，一直線上で反対向きになっている。これを，作用・反作用の法則という。このように，作用と反作用は2つの物体の間で対になってはたらく。

3章　仕事とエネルギー

p.48～p.49 ココが要点

①仕事

㋐ $\frac{1}{2}$　㋑2　㋒ $\frac{1}{2}$　㋓2

②仕事の原理　③仕事率　④エネルギー

⑤位置エネルギー　⑥運動エネルギー

⑦力学的エネルギー

⑧力学的エネルギー保存の法則

p.50～p.51 予想問題

[1] (1)0.2N　(2)0.2N　(3)0.06J　(4)1.5J

[2] (1)150N　(2)12m　(3)1800J　(4)イ　(5)450W

[3] (1)大きくする。　(2)高くする。　(3)仕事　(4)運動エネルギー

[4] (1)B　(2)減少していく。　(3)増加していく。　(4)A，C　(5)ア　(6)力学的エネルギー保存の法則

[解説]

[1] (1)図2から，ばねが4cmのびているときの力の大きさを読みとると，0.2Nであることがわかる。

(2)物体が一定の速さで動いているとき，摩擦力と引く力は同じ大きさである。（物体にはたらく力がつり合っているとき，物体は等速直線運動をする。）

(3) [ミス注意!] 力の大きさの単位はN，距離の単位はmに合わせて計算する。30cmは0.3mなので，

0.2〔N〕× 0.3〔m〕= 0.06〔J〕

(4)100gの物体にはたらく重力の大きさは1Nなので，500gの物体にはたらく重力の大きさは5Nである。手でゆっくり持ち上げるには5Nの力が必要である。

5〔N〕× 0.3〔m〕= 1.5〔J〕

[2] (1)動滑車は2本のひもで支えるので，力の大きさは半分ですむ。30kgの物体にはたらく重力の大きさは300Nなので，150Nの力が必要である。

(2)動滑車を使うと，引き上げるために必要な力

は直接引き上げるときの半分ですむが，ひもを引く距離は２倍になる。
6〔m〕×２＝12〔m〕
(3)ひもを150Nの力で12m引くので，
150〔N〕×12〔m〕＝1800〔J〕
(4)滑車や斜面などの道具を使って物体をある高さまで持ち上げるとき，直接持ち上げるよりも力は小さくてすむが，動かす距離は長くなるので，物体を持ち上げるための仕事の量は変わらない。これを，仕事の原理という。
(5)1800Jの仕事を４秒で行ったので，仕事率は，
$\frac{1800〔J〕}{4〔s〕}$ ＝450〔W〕

[3] (1)(2) [ポイント] 物体がもつ位置エネルギーの大きさは，基準面からの高さが高いほど，また，物体の質量が大きいほど，大きくなる。
(3)物体がもつエネルギーの大きさは，別の物体に仕事をさせることで求めることができる。つまり，くいの移動距離から，おもりがもつエネルギーの大きさを求めることができる。
(4) [参考] おもりが落下すると，位置エネルギーが運動エネルギーに移り変わる。

[4] (1)～(3)物体がもつ位置エネルギーと運動エネルギーの和を力学的エネルギーという。摩擦や空気の抵抗がないとき，力学的エネルギーは一定に保たれる。おもりがＡからＢへと動くとき，おもりのもつ位置エネルギーが減少していくとともに運動エネルギーが増加していき，Ｂでおもりの速さがもっとも大きくなる。ＢからＣへ動くとき，おもりのもつ位置エネルギーが増加していくとともに運動エネルギーが減少し，Ｃでは運動エネルギーがもっとも小さくなる。
(4)物体のもつ運動エネルギーがすべて位置エネルギーに変えられ，位置エネルギーが最大になっている点を選ぶ。
(5)位置エネルギーの基準の高さをＢの高さとしているので，Ｂでは位置エネルギーが０Ｊになり，運動エネルギーが最大になっている。よって，Ａでおもりがもっている位置エネルギーは，Ｂでおもりがもっている運動エネルギーや，Ｃでおもりがもっている位置エネルギーと等しい。

４章　多様なエネルギーとその移り変わり
５章　エネルギー資源とその利用

p.52～p.53 ココが要点

①化学エネルギー　②弾性エネルギー
③エネルギー保存の法則　④変換効率
⑤熱伝導（伝導）　⑥対流　⑦熱放射（放射）
⑧水力発電
㋐位置
⑨火力発電
㋑化学
⑩化石燃料　⑪原子力発電
㋒核
⑫放射線

p.54～p.55 予想問題

[1] (1)光電池（太陽電池）　(2)光エネルギー
(3)運動エネルギー　(4)モーター
(5)核エネルギー
(6)火力発電

[2] (1)２Ｊ　(2)10%

[3] (1)熱伝導（伝導）　(2)対流
(3)熱放射（放射）

[4] (1)太陽光発電　(2)火力発電
(3)原子力発電　(4)水力発電
(5)カーボンニュートラル
(6)燃料電池　(7)地熱発電
(8)風力発電
(9)スマートコミュニティ

[解説]

[1] (3)手回し発電機は，運動エネルギーを電気エネルギーに変換している。
(4)モーターは，電気エネルギーを運動エネルギーに変換する装置である。
(5)原子力発電では，核エネルギーが原子炉で熱エネルギーに変換され，熱エネルギーがタービンや発電機によって電気エネルギーに変換されている。
(6)火力発電では，化石燃料のもつ化学エネルギーがボイラーで熱エネルギーに変換され，タービンや発電機によって電気エネルギーに変換されている。

[2] (1)おもりにはたらく重力の大きさは２Ｎであり，１ｍ持ち上げるので，

$2〔N〕\times 1〔m〕= 2〔J〕$

(2)消費したエネルギーは

$0.4〔A〕\times 5.0〔V〕\times 10〔s〕= 20〔J〕$

となり，エネルギーの変換効率は

$\frac{2〔J〕}{20〔J〕}\times 100 = 10$　よって10%

[3] 熱の伝わり方には，熱伝導（伝導），対流，熱放射（放射）の3つがある。温度の異なる物体が接していて，高温の部分から低温の部分へ熱が伝わる現象を熱伝導という。場所により温度が異なる液体や気体が流動することで熱が運ばれる現象を対流という。高温の物体が出している光や赤外線などが，物体に当たることで熱が移動し，物体の温度が上昇する現象を熱放射という。

[4] (4)水力発電は，発電時に二酸化炭素などを排出しない長所があるが，ダムの建設が必要であり，設置場所が限られている。また，環境への影響やダムの底にたまる土砂のあつかいなどの問題がある。

(5)木片や落ち葉など生物資源をバイオマスという。バイオマスはもともと植物が光合成によって二酸化炭素をとりこんだものなので，バイオマスを燃やしても大気中の二酸化炭素の増加の原因とはならないと考えられる。これをカーボンニュートラルという。

環境　自然と人間

1章　自然界のつり合い
2章　さまざまな物質の利用と人間

p.56～p.57　ココが要点

①生態系　②食物連鎖　③食物網　④生産者
⑤消費者　⑥生物濃縮　⑦分解者
㋐消費者　㋑分解者
⑧天然繊維　⑨合成繊維
⑩プラスチック　⑪高分子化合物
⑫リサイクル

p.58～p.59　予想問題

[1] (1)消費者　(2)生産者　(3)光合成
(4)植物（生物D，生産者）
(5)ふえる。　(6)減る。　(7)減る。
(8)A…イ　B…ウ　C…エ　D…ア
(9)食物連鎖

[2] (1)A…エ　B…ア　C…イ　D…ウ
(2)A，B

[3] (1)①二酸化炭素　②酸素
(2)㋐呼吸　㋑光合成
(3)生物A…生産者　生物B…消費者
生物C…消費者　生物D…分解者

[4] (1)イ，エ
(2)A…ポリエチレンテレフタラート
B…ポリエチレン
C…ポリ塩化ビニル
(3)ア

解説

[1] (1)(2)生産者の数量がもっとも多く，消費者である草食動物，小形の肉食動物，大形の肉食動物の順に数量が少なくなる。

(5)生物Aの食物である生物Bの数量がふえると生物Aの数量はふえる。

(6)生物Bに食べられる生物Cは，数量が減る。

(7)生物Cの数量が減ったことにより，生物Bの食物が少なくなり，生物Bは数量が減る。これにより生物Aも数量が減り，生物A～Cの数量的なつり合いはもとにもどると考えられる。

(8)エノコログサはトノサマバッタに食べられ，トノサマバッタはモズに食べられ，モズはタカに食べられる。

テストに出る！

5分間攻略ブック

啓林館版

理 科 3年

重要用語をサクッと確認

よく出る図を
まとめておさえる

赤シートを
活用しよう！

テスト前に最後のチェック！
休み時間にも使えるよ♪

「5分間攻略ブック」は取りはずして使用できます。

生命 生命の連続性

1章 生物のふえ方と成長

p.4〜p.16

☐ 生物が自分と同じ種類の個体（子）をつくることを【生殖】といい，雌雄の親を必要としない生殖を【無性生殖】という。

▌無性生殖

ミカヅキモ　　　　　　　　　　　　ジャガイモ

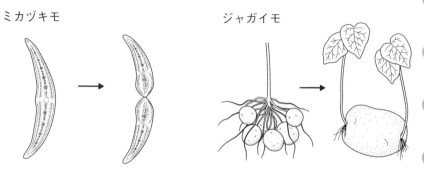

☐ 雌雄の親がかかわって子をつくることを【有性生殖】という。

☐ 生殖のための特別な細胞を【生殖】細胞という。

☐ 雄と雌による生殖細胞の核が合体して1つの細胞になることを【受精】といい，できた細胞を【受精卵】という。

☐ 動物の生殖細胞は【卵】と【精子】，被子植物の生殖細胞は【卵細胞】と【精細胞】という。

☐ 受精卵は，細胞の数をふやして【胚】になる。受精卵から胚を経て成体になるまでの過程を【発生】という。

▌動物の有性生殖

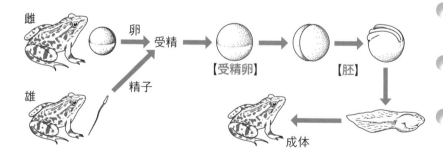

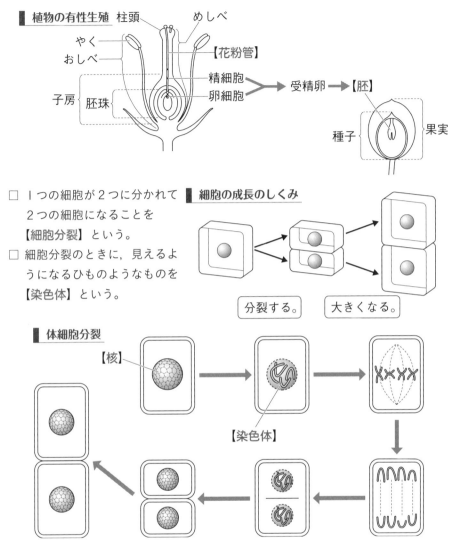

■ 植物の有性生殖　柱頭　めしべ

やく　【花粉管】

おしべ

精細胞　受精卵　➡【胚】

子房　胚珠　卵細胞

種子　果実

□ 1つの細胞が2つに分かれて
　2つの細胞になることを
　【細胞分裂】という。

□ 細胞分裂のときに，見えるよ
　うになるひものようなものを
　【染色体】という。

■ 細胞の成長のしくみ

分裂する。　大きくなる。

■ 体細胞分裂

【核】

【染色体】

□ 体をつくる細胞が分裂する細胞分裂を【体細胞分裂】という。

□ 生殖細胞ができるときの細胞分裂を【減数分裂】という。

2章　遺伝の規則性と遺伝子　　p.17~p.27

□ 生物の形や性質などの特徴を【形質】といい，親の形質が子やそれ以後の世代に
　伝わることを【遺伝】という。

□ 遺伝する形質のもとになるものを【遺伝子】という。

□ 同じ形質の個体をかけ合わせたとき，世代を重ねても，形質がつねに親と同じである場合，それらを【純系】という。

□ エンドウの丸としわのように，同時に現れない２つの形質を【対立形質】という。

□ 対立形質の純系どうしをかけ合わせたとき，子に現れる形質を【顕性形質】，子に現れない形質を【潜性形質】という。

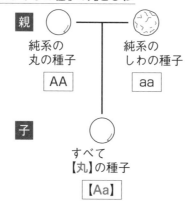

■ **エンドウの種子の丸としわ**

親

純系の
丸の種子
AA

純系の
しわの種子
aa

子

すべて
【丸】の種子
【Aa】

□ 減数分裂をするとき，対になっている遺伝子は分かれて別々の生殖細胞に入る。これを【分離の法則】という。

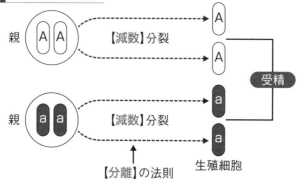

■ **生殖細胞の遺伝子**

親　AA　【減数】分裂　→　A

A

受精

親　aa　【減数】分裂　→　a

a

生殖細胞

【分離】の法則

□ 遺伝子の本体は【DNA】という物質である。　**まる暗記** DNAはデオキシリボ核酸の略称。

3章　生物の種類の多様性と進化　p.28~p.35

□ 生物が長い年月をかけて世代を重ねる間に変化することを，【進化】という。

□ 現在の見かけの形やはたらきは異なっているが，起源は同じものであったと考えられる器官を【相同器官】という。

地球　宇宙を観る

教科書 p.46~p.101

1章　地球から宇宙へ

p.48~p.65

□ 太陽のように，みずから光をはなつ天体を【恒星】という。

□ 太陽の内部に軸があると考えて，軸を中心に太陽が回転することを太陽の【自転】という。

□ 太陽はおもに水素とヘリウムのガスでできていて，【球】形である。

□ 太陽の表面には温度が周囲より低い【黒点】がある。

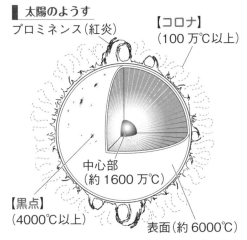

太陽のようす

プロミネンス(紅炎)

【コロナ】
(100万℃以上)

中心部
(約1600万℃)

【黒点】
(4000℃以上)

表面(約6000℃)

□ 地球が太陽のまわりを1年で1周することを地球の【公転】という。

□ 太陽とそのまわりを公転する天体をまとめて【太陽系】という。

□ 太陽系の惑星のうち，密度の大きい水星，【金星】，地球，火星を【地球型】惑星，密度が小さい【木星】，【土星】，天王星，海王星を【木星型】惑星という。

太陽系の惑星

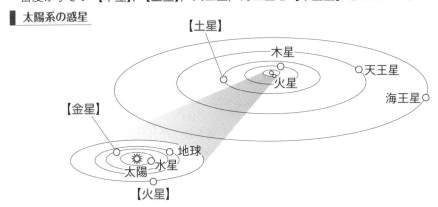

【土星】

木星

天王星

火星

海王星

【金星】

地球

太陽　水星

【火星】

□ 多くが火星と木星の間にあり，太陽のまわりを公転する小天体を【小惑星】という。

□ 月などのように，惑星のまわりを公転する天体を【衛星】という。

□ 太陽系をふくむ約2000億個の恒星の集まりを【銀河系】（天の川銀河）という。

□ 銀河系のような，銀河系の外側にたくさんある恒星の集団を【銀河】という。

2章　太陽と恒星の動き　　　　　p.66~p.81

□ 天体の方位が真南になったとき（天体が天の子午線上にきたとき），天体は【南中】
　したといい，このときの高度を【南中高度】という。

□ 地球の自転による天体の1日の見かけの動きを【日周運動】という。

天体の位置の表し方

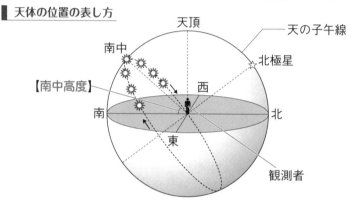

□ 地球は，地軸が公転面に垂直な方向に対して約【23.4】°傾いたまま公転して
　いるため，季節によって南中高度や昼間の長さが変化する。

地球の公転

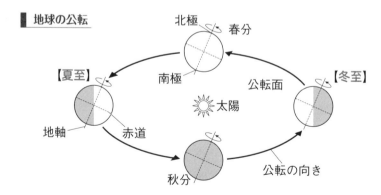

□ 天体の位置や動きを表すときに用いる，見かけ上の球状の天井を【天球】という。

□ 星座の星の位置を基準にしたとき，地球の公転によって太陽が星座の中を動い
　ていくように見える。この星座の中の太陽の通り道を【黄道】という。

□ 地球の公転によって生じる1年間の星の見かけの動きを星の【年周運動】という。

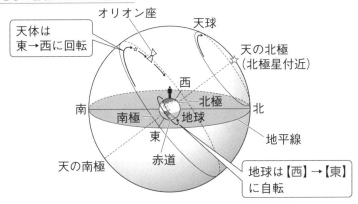

天体は東→西に回転

オリオン座

天球

天の北極（北極星付近）

西

北極

南

北

南極

地球

東

地平線

天の南極

赤道

地球は【西】→【東】に自転

3章　月と金星の動きと見え方　p.82~p.91

□ 月は【太陽】の光を反射してかがやいている。太陽，月，地球の位置関係が変化するため，月の形が変化して見える。

月の公転と満ち欠け（北極側から見た図）

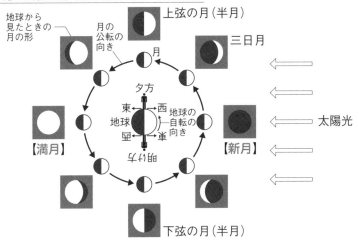

地球から見たときの月の形

月の公転の向き

月

上弦の月（半月）

三日月

夕方

東

西

地球

地球の自転の向き

西

明け方

【満月】

【新月】

太陽光

下弦の月（半月）

□ 同じ時刻に見た月は，日がたつにつれて【西】から【東】へと，１日に約12°ずつ動いて見える。

□ 太陽が月にかくされる現象を【日食】という。

□ 月が地球の影に入る現象を【月食】という。

□ 地球から見た金星は，夕方の【西】の空か，明け方の【東】の空で見られる。

□ 金星は地球よりも太陽の【近く】を公転しているため，真夜中に見ることができない。

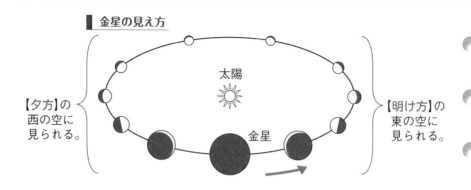

金星の見え方

【夕方】の
西の空に
見られる。

太陽

金星

【明け方】の
東の空に
見られる。

地球

1章　水溶液とイオン　　p.108~p.123

□ 水にとけると水溶液に電流が流れる物質を【電解質】，水にとけても水溶液に電流が流れない物質を【非電解質】という。

🔷 塩化銅水溶液の電気分解

塩化銅　　→　　銅　＋　塩素

$CuCl_2$　→　　Cu　＋　Cl_2

▌塩化銅水溶液の電気分解

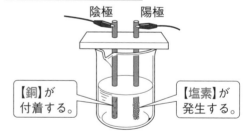

陰極　　陽極

【銅】が
付着する。

【塩素】が
発生する。

🔷 塩酸の電気分解

塩酸　→　水素　＋　塩素

$2HCl$　→　H_2　＋　Cl_2

▌塩酸の電気分解

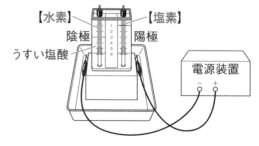

【水素】　　　【塩素】

陰極　　陽極

うすい塩酸

電源装置
－　＋

□ 原子は，＋の電気をもつ【原子核】と－の電気をもつ【電子】からできている。また，
　原子核は，＋の電気をもつ【陽子】と電気をもたない【中性子】からできている。
□ 同じ元素で，中性子の数が異なる原子どうしをたがいに【同位体】という。
□ 原子が電気を帯びたものを【イオン】という。原子が電子を失って＋の電気を
　帯びたものを【陽】イオンといい，原子が電子を受けとって，－の電気を帯び
　たものを【陰】イオンという。

■ イオンのでき方

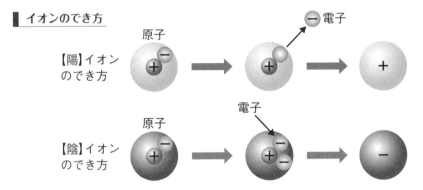

【陽】イオン
のでき方

【陰】イオン
のでき方

🔷 いろいろなイオンとイオンの化学式

陽イオン	化学式	陽イオン	化学式	陰イオン	化学式
水素イオン	【H^+】	カルシウムイオン	Ca^{2+}	塩化物イオン	【Cl^-】
ナトリウムイオン	Na^+	銅イオン	【Cu^{2+}】	水酸化物イオン	OH^-
アンモニウムイオン	【NH_4^+】	亜鉛イオン	【Zn^{2+}】	炭酸イオン	【CO_3^{2-}】
マグネシウムイオン	Mg^{2+}	カリウムイオン	K^+	硫酸イオン	【SO_4^{2-}】

□ 電解質が水にとけて陽イオンと陰イオンに分かれることを【電離】という。

🔷 塩化水素の電離

$HCl \longrightarrow H^+ + Cl^-$

塩化水素　　水素イオン　塩化物イオン

🔷 塩化ナトリウムの電離

$NaCl \longrightarrow Na^+ + Cl^-$

塩化ナトリウム　　ナトリウムイオン　塩化物イオン

🔷 塩化銅の電離

$CuCl_2 \longrightarrow Cu^{2+} + 2Cl^-$

塩化銅　　銅イオン　塩化物イオン

🔷 水酸化ナトリウムの電離

$NaOH \longrightarrow Na^+ + OH^-$

水酸化ナトリウム　　ナトリウムイオン　水酸化物イオン

塩化水素の電離のようす

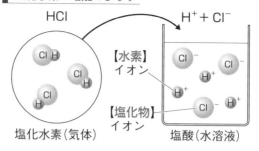

HCl → H$^+$ + Cl$^-$

【水素】イオン

【塩化物】イオン

塩化水素（気体）　　　塩酸（水溶液）

2章　電池とイオン

p.124~p.141

□ 金属は種類によって，イオンへのなりやすさがちがう。マグネシウム，銅，亜鉛では，【マグネシウム】，【亜鉛】，【銅】の順にイオンになりやすい。

□ 物質がもつ化学エネルギーを化学変化によって電気エネルギーに変換してとり出す装置を【電池（化学電池）】という。

□ ダニエル電池では次のことがいえる。

・亜鉛板の表面は，【亜鉛】原子が亜鉛イオンになって水溶液中にとけ出すのでぼろぼろになる。

・銅板の表面には，水溶液中の【銅】イオンが，銅原子になって付着する。

■ ダニエル電池

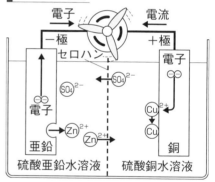

電子　　　電流

−極　　　　　+極

セロハン

電子

$SO_4{}^{2-}$

電子

$SO_4{}^{2-}$

Zn^{2+}

Zn^{2+}

Cu^{2+}

Cu

亜鉛　　　　　　　　　銅

硫酸亜鉛水溶液　｜　硫酸銅水溶液

・ダニエル電池では，亜鉛板が【−】極，銅板が【+】極となる。

□ 電池のうち，充電のできない電池を【一次電池】，充電のできる電池を【二次電池】という。

□ 水の電気分解とは逆の化学変化を利用する電池を【燃料電池】という。

■ 燃料電池

手回し発電機を回して電気分解する。

鳴る。

電子オルゴール

□ 酸性の水溶液は，青色リトマス紙を【赤】色に，緑色の BTB 溶液を【黄】色に変える。

□ アルカリ性の水溶液は，赤色リトマス紙を【青】色に，緑色の BTB 溶液を【青】色に，フェノールフタレイン溶液を【赤】色に変える。

□ 水溶液中で電離して，水素イオンを生じる物質を【酸】という。

□ 水溶液中で電離して，水酸化物イオンを生じる物質を【アルカリ】という。

　🔖 **酸とアルカリ**　　酸 → H^+ ＋ 陰イオン

> 代表的な酸
> 塩化水素（塩酸）HCl
> 硫酸 H_2SO_4

　　　　　　アルカリ → 陽イオン ＋ OH^-

> 代表的なアルカリ
> 水酸化ナトリウム NaOH
> 水酸化バリウム　　$Ba(OH)_2$

□ 酸性・アルカリ性の強さは【pH】で表すことができる。

□ 酸の水溶液とアルカリの水溶液を混ぜ合わせると，酸の【水素】イオンとアルカリの【水酸化物】イオンから【水】が生じ，たがいの性質を打ち消し合う。この反応を【中和】という。

□ 酸の陰イオンとアルカリの陽イオンが結びついてできる物質を【塩】という。

　🔖 **塩酸と水酸化ナトリウム水溶液の中和**

　　HCl　　＋　　NaOH　　——→　　NaCl　　＋ H_2O
　塩化水素　水酸化ナトリウム　　塩化ナトリウム　　水

塩酸と水酸化ナトリウム水溶液の中和

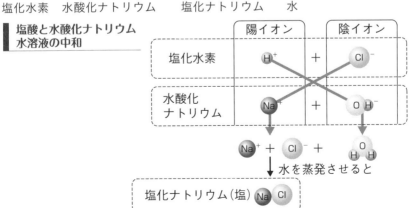

硫酸と水酸化バリウム水溶液の中和

$$H_2SO_4 \; + \; Ba(OH)_2 \; \longrightarrow \; BaSO_4 \; + \; 2H_2O$$

硫酸　　水酸化バリウム　　硫酸バリウム　　　水

エネルギー　運動とエネルギー

教科書 p.174~p.249

1章　力の合成と分解　　　　　　　　　　p.176~p.189

□ 水の重さによって生じる圧力を【水圧】という。

□ 水中にある物体にはたらく上向きの力を【浮力】という。

□ 2つの力と同じはたらきをする1つの力を【合力】といい，合力を求めることを【力の合成】という。

□ 1つの力を，同じはたらきをする2つの力に分けることを【力の分解】といい，分解した力をもとの力の【分力】という。

2章　物体の運動　　　　　　　　　　　　p.190~p.208

□ 物体がある時間の間，一定の速さで動き続けたと考えたときの速さを【平均の速さ】といい，ごく短い時間の時々刻々と変化する速さを【瞬間の速さ】という。

$$速さ〔m/s〕＝\frac{移動距離〔m〕}{移動にかかった時間〔s〕}$$

□ 速さの単位には【メートル毎秒】（記号 m/s），【キロメートル毎時】（記号 km/h）などを使う。

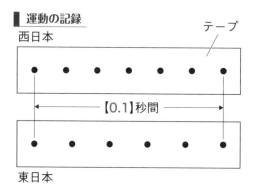

■ 運動の記録

西日本　　　　　　　　　　　　　　　　テープ

【0.1】秒間

東日本

□ 摩擦のない水平面上で運動する物体は，一定の速さで一直線上を動く。この運動を【等速直線運動】という。

▌力がはたらいていない物体の運動

摩擦のない水平面

□ 物体に力がはたらいていないときやはたらく力がつり合っているとき，静止している物体は静止し続け，運動している物体は等速直線運動を続ける。これを【慣性】の法則といい，物体がもつこのような性質を【慣性】という。

□ 運動の向きに一定の力がはたらき続けるとき，物体の速さは一定の割合で【大きく】なる。

□ 同じ物体では，運動の向きにはたらく力の大きさが大きくなるほど，速さの変化する割合が【大きく】なる。

▌斜面を下るとき

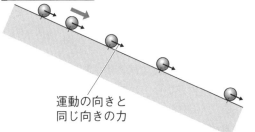

運動の向きと
同じ向きの力

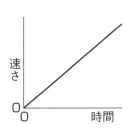

□ 静止していた物体が重力によって真下に落下する運動を【自由落下】という。

□ 運動の向きとは反対向きに一定の力がはたらき続けるとき，物体の速さは一定の割合で【小さく】なる。

▌斜面を上るとき

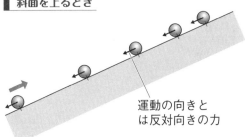

運動の向きと
は反対向きの力

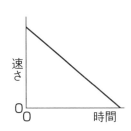

□ １つの物体がほかの物体に力を加えた場合，一直線上にあり，同じ大きさで【反対】向きの力を受ける。これを【作用・反作用】の法則という。

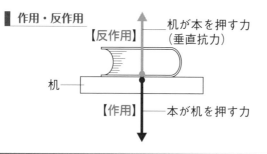

作用・反作用

【反作用】━━ 机が本を押す力
　　　　　　（垂直抗力）

机 ━━

【作用】━━ 本が机を押す力

3章　仕事とエネルギー

p.209~p.220

□ 加えた力の大きさと力の向きに物体が動いた距離の積を【仕事】という。単位には【ジュール】（記号 J）を使う。

仕事〔J〕＝力の大きさ〔N〕×【力】の向きに動いた距離〔m〕

注目　力を加えても物体が動かない場合，仕事の大きさは 0。

□ 道具を使うと加える力は小さくなるが，動かす距離が長くなるため，仕事の量は変わらない。これを【仕事の原理】という。

□ 一定時間にする仕事を【仕事率】という。単位には【ワット】（記号 W）を使う。

$$仕事率〔W〕＝\frac{仕事〔J〕}{仕事にかかった【時間】〔s〕}$$

□ 高いところにある物体がもつエネルギーを【位置エネルギー】，運動している物体がもつエネルギーを【運動エネルギー】といい，これらの和を【力学的エネルギー】という。

□ 振り子の運動のように，摩擦や空気の抵抗がなければ，力学的エネルギーが一定に保たれることを【力学的エネルギー保存の法則】という。

振り子の運動

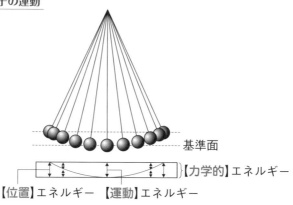

基準面

}【力学的】エネルギー

【位置】エネルギー　【運動】エネルギー

啓林館版　理科3年

4章 多様なエネルギーとその移り変わり

p.221~p.229

☐ エネルギーは変換されても，その前後でエネルギーの総量が一定に保たれる。これを【エネルギー保存の法則】という。

☐ 物体の中を高温の部分から低温の部分へと熱が伝わる現象を【熱伝導】，温度の異なる液体や気体が流動して熱が運ばれる現象を【対流】，高温の物体から出された光や赤外線が当たって熱が移動する現象を【熱放射】という。

5章 エネルギー資源とその利用

p.230~p.239

☐ 発電方法には，【火力】，原子力，水力などがある。石油などの【化石】燃料には埋蔵量に限りがあるため，太陽光などの【再生可能】なエネルギーの利用や開発が進められている。

┃ いろいろな発電方法

【水力】発電

位置エネルギー ➡ 電気エネルギー

高い位置にある水

【火力】発電

化学エネルギー ➡ 熱エネルギー ➡ 電気エネルギー

化石燃料

【原子力】発電

核エネルギー ➡ 熱エネルギー ➡ 電気エネルギー

ウラン

☐ α線，β線，γ線，X線，中性子線などを【放射線】という。

環境 自然と人間

教科書 p.250~p.315

1章 自然界のつり合い

p.252~p.265

☐ ある場所に生活するすべての生物とそれをとり巻く環境を1つのまとまりとして考えたものを【生態系】という。

☐ 生物どうしの食べる・食べられるというひとつながりの関係を【食物連鎖】という。食物連鎖は複雑な網の目のようにからみ合い，【食物網】をつくっている。

☐ みずから有機物をつくる生物を【生産者】，ほかの生物から有機物を得ている生物を【消費者】という。

□ 生態系の中で，生物の遺骸やふんなどから栄養分を得ている消費者を【分解者】という。

□ カビやキノコなどの【菌】類，乳酸菌や大腸菌などの【細菌】類も分解者である。

▌炭素の循環

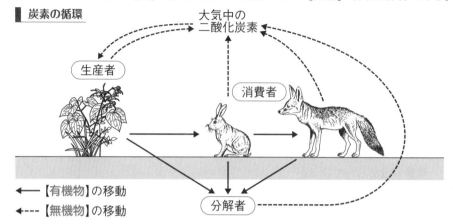

← 【有機物】の移動
←--- 【無機物】の移動

2章　さまざまな物質の利用と人間　　p.266～p.274

□ 石油などを原料として，人工的に合成した有機物である【プラスチック】は，身近なところで広く利用されているが，ごみとして自然界に放置されると，生物が食物といっしょに飲みこんでしまうことがある。

3章　科学技術の発展　　p.275～p.283

□ インターネットの普及により，世界の情報を瞬時に得られるようになった。

□ 過去の膨大なデータをもとにして，考えることができる【AI(人工知能)】の技術の活用が広がっている。

4章　人間と環境　　p.284～p.301

□ 地球の平均気温が少しずつ上昇している現象を【地球温暖化】という。

□ もともとその地域に生息せず，ほかの地域から移入されて定着した生物を【外来生物】という。

5章　持続可能な社会をめざして　　p.302～p.309

□ 資源の消費を減らし，資源をくり返し利用することができる社会を【循環型社会】という。

□ 資源やエネルギーの消費を減らしたり，自然環境を保全したりしながら，現在の便利で豊かな生活を続けることができる社会を【持続可能な社会】という。

[2] (2)オカダンゴムシやミミズは，落ち葉や枯れ枝などの植物を食べる。クモやムカデなどの肉食動物は，オカダンゴムシやミミズ，ダニなどを食べる。このように，土の中でも食物連鎖が成り立っている。

[3] (1)①すべての生物が出している気体で，生物Aがとり入れることもある気体なので，二酸化炭素であることがわかる。
②すべての生物がとり入れている気体で，生物Aが出すこともある気体なので，酸素であることがわかる。
(2)生物Aが酸素をとり入れて二酸化炭素を出すのは，呼吸のはたらきによる。また，二酸化炭素をとり入れて酸素を出すのは，光合成のはたらきによる。
(3)生物の排出物や遺骸などから栄養分を得る消費者を特に分解者という。

[4] プラスチックはおもに石油を原料とした，人工の物質で，合成樹脂ともよばれている。プラスチックは，腐らない，さびない，軽くてじょうぶなどの性質がある。一方，密度や薬品に対する強さなどが種類によって異なるので，用途に応じて使い分けられている。
(1)密度は種類によって異なり，ポリエチレン，ポリプロピレンは水に入れると浮くが，ポリスチレン，ポリ塩化ビニル，ポリエチレンテレフタラートは沈む。また，プラスチックは電気を通さない。
(3)ア…プラスチックは，腐らず長持ちするという特徴があるが，砂浜などに無責任に廃棄されると分解されにくい。そのため，波や紫外線によって細かくなったプラスチックを魚や鳥があやまって飲みこんでしまうなどの問題が起こっている。
イ…石油を原料としているので，限りがある。
ウ…プラスチックはリサイクルしやすい物質であるが，混ざると識別が難しくなるので識別マークによって分別することが大切である。

3章　科学技術の発展　4章　人間と環境
5章　持続可能な社会をめざして

p.60～p.61　ココが要点

①科学技術　②蒸気機関　③AI
④VR　⑤二酸化炭素　⑥オゾン層
⑦酸性雨　⑧外来生物　⑨循環型社会
⑩持続可能な社会

p.62～p.63　予想問題

[1] (1)①蒸気機関　②産業革命
③化石燃料
(2)水蒸気
(3)地球温暖化，大気汚染　などから1つ

[2] ①カ　②コ　③ケ　④ア　⑤キ

[3] (1)よばれ方…ア　関連…キ
(2)よばれ方…ウ　関連…ク
(3)よばれ方…イ　関連…ケ
(4)よばれ方…オ　関連…カ
(5)よばれ方…エ　関連…コ

[4] (1)水銀　(2)LED電球
(3)循環型社会
(4)①リデュース　②リユース
③リサイクル
(5)持続可能な社会

[解説]

[1] (1)(2)蒸気機関が実用化され，蒸気機関車や蒸気船によって一度に多くの人やものを輸送できるようになり，産業革命が起こった。産業革命により，科学技術も一気に発展した。
(3)化石燃料を大量に消費することで，温室効果がある二酸化炭素などが大気中に大量に放出され，地球温暖化の原因の1つとなっている。また，有害な窒素酸化物や硫黄酸化物が大気中に放出されることで大気が汚染され，酸性雨や光化学スモッグなどが引き起こされている。

[2] 科学技術の発展により，さまざまな分野で科学技術の利用が広がっている。医療の分野では，遺伝子の解析にもとづいた治療，福祉の分野では，ロボットによる介助，防災・減災の分野では，災害現場でのドローンによる探索などが可能になっている。

[3] 人間の活動が環境に影響を与えるようになっている。

⑴水中に窒素化合物が大量にあると植物プランクトンが大量に発生する原因になる。植物プランクトンが大量に発生すると赤潮やアオコという現象が起こり，水中の酸素濃度が低下するなどして，魚などが大量に死んでしまうことがある。

⑵フロン類は地球の上空にあるオゾン層のオゾンの量を減少させる原因となっており，規制されている。

⑶外来生物はもともとその地域にいる生物を食べたり，生息をおびやかしたりすることがある。

⑷酸性雨は大気中に排出された窒素酸化物や硫黄酸化物がとけた雨で，湖沼の水を酸性にするなどの問題が起こっている。

⑸地球温暖化の原因の１つは，二酸化炭素，メタンなどの温室効果ガスが大気中に増加していることであると考えられている。

[4] ⑶資源やエネルギーを大量に消費し，環境に負担をかけすぎると，将来にわたって豊かな社会を維持することができない。

資源の消費を減らして，くり返し利用する社会を循環型社会といい，廃棄物を有効活用し廃棄物を出さないとり組みをゼロ・エミッションという。

⑷３Ｒに，割り箸やレジ袋の提供を断るリフューズを加えて４Ｒ，さらに修理して使い続けるリペアを加えて５Ｒということもある。

巻末特集 p.64

1 ⑴㋐AA　㋑aa
⑵3：1
⑶450個

[解説] ⑵子の遺伝子の組み合わせはAaであるから，孫の種子の遺伝子の組み合わせは図のようになる。AA，Aaは丸い種子，aaはしわのある種子を表す。

	A	a
A	AA	Aa
a	Aa	aa

⑶　$600〔個〕\times\frac{3}{4}=450〔個〕$

2 ⑴1.5J　⑵3N　⑶0.15W　⑷2倍

[解説] ⑴$5〔N〕\times 0.3〔m〕=1.5〔J〕$

⑵仕事の原理より，斜面に沿って物体を引いても，仕事の大きさは変わらない。よって，糸を引く力の大きさをx〔N〕とすると，

$x〔N〕\times 0.5〔m〕=1.5〔J〕$　　$x=3$

⑶１秒間に５cmずつ糸を引くので，10秒かけて引いたことになる。

$\frac{1.5〔J〕}{10〔s〕}=0.15〔W〕$

⑷図１での仕事率は，

$\frac{1.5〔J〕}{5〔s〕}=0.3〔W〕$

図２での仕事率は，

$\frac{1.5〔J〕}{10〔s〕}=0.15〔W〕$となるので，

$0.3〔W〕\div 0.15〔W〕=2$　よって２倍。

6 5 4 3 2 1
D C B A